职业院校工业机器人技术专业教材

工业机器人工作站安装与调试

方建华　主　编

人民交通出版社股份有限公司
北　京

内 容 提 要

本书为职业院校工业机器人技术专业教材，主要内容包括：工业机器人工作站设备组装、工业机器人工作站上电调试、工业机器人工作站试运行、工业机器人工作站设备交付。

本书可作为职业院校工业机器人等相关专业的教材，也可供工业机器人从业人员参考阅读。

图书在版编目(CIP)数据

工业机器人工作站安装与调试/方建华主编. —北京：人民交通出版社股份有限公司，2022.8

ISBN 978-7-114-18035-4

Ⅰ.①工… Ⅱ.①方… Ⅲ.①工业机器人—工作站—设备安装—职业教育—教材 ②工业机器人—工作站—调试方法—职业教育—教材 Ⅳ.①TP242.2

中国版本图书馆CIP数据核字(2022)第102413号

Gongye Jiqiren Gongzuozhan Anzhuang yu Tiaoshi

书　　名：工业机器人工作站安装与调试
著 作 者：方建华
责任编辑：郭　跃
责任校对：席少楠
责任印制：刘高彤
出版发行：人民交通出版社股份有限公司
地　　址：(100011)北京市朝阳区安定门外外馆斜街3号
网　　址：http://www.ccpcl.com.cn
销售电话：(010)59757973
总 经 销：人民交通出版社股份有限公司发行部
经　　销：各地新华书店
印　　刷：北京市密东印刷有限公司
开　　本：787×1092　1/16
印　　张：11.25
字　　数：267千
版　　次：2022年8月　第1版
印　　次：2022年8月　第1次印刷
书　　号：ISBN 978-7-114-18035-4
定　　价：42.00元

前　言
PREFACE

目前,我国的工业化水平不断提升,工业机器人在工业领域内的应用范围越来越广泛,各企业对于工业机器人技术人才的需求不断增加。为了推进工业机器人专业的职业教育课程改革和教材建设进程,人民交通出版社股份有限公司特组织相关院校与企业专家共同编写了职业院校工业机器人专业教材,以供职业院校教学使用。本套教材在总结了众多职业院校工业机器人专业的培养方案与课程开设现状的基础上,根据《国家中长期教育改革和发展规划纲要(2010—2020)》和《中国制造2025》的精神,注重以学生就业为导向,以培养能力为本位,教材内容符合工业机器人专业教学要求,适应相关智能制造类企业对技能型人才的要求。

随着我国传统工业特别是制造业的迅速发展,国内对于生产劳动力的需求量逐步提升。但是随着人口老龄化的进一步加剧,人口红利逐渐消退,人力成本逐年上升,传统工业尤其是制造业对工业机器人这类劳动力替代产品的需求将始终保持增长态势。在制造业中,工业机器人通常不是独立工作的,多以工作站的形式服务于生产;而企业现场的工业机器人工作站的安装与调试任务几乎都是由企业设备安装技术人员自行摸索实践,学生在校难以接触到真实的工业机器人工作站安装调试场景,故编写一本以典型工作站安装调试的工作任务为内容的教材就十分紧迫了。

本书选用焊接机器人工作站作为任务载体,按照"以学生为中心、学习成果为导向、促进自主学习"的思路进行教材开发设计,把"企业岗位的典型工作任务及工作过程知识"作为教材主体内容,借助"学习情境"实施职业教育教学,让学生经历从明确任务、制订计划、做出决策、实施计划、检查控制到评价反馈这一完整工作过程。

本教材采用活页式装帧,并附有评价表,可供单独提交和留存。

学习课时为64学时,具体学时分配见下表。

序号	学习情境	载体	学习任务简介	学时
1	工业机器人工作站设备组装	焊接机器人工作站	按照装配图组装机械设备;按照电气原理图完成现场电气安装;依次检测各零部件、动作部件、各紧固件、连接头组装质量	20
2	工业机器人工作站上电调试	焊接机器人工作站	根据电气图纸及控制流程图编写离线程序;完成安全程序调试,机器人、变位机、PLC通信程序调试,手动动作、自动动作逻辑程序调试,机器人现场示教、点位坐标调整工作,报警信息程序调试,HMI画面组态编制,焊接参数调试	30
3	工业机器人工作站试运行	焊接机器人工作站	模拟生产任务完成工作站生产产品试制,规划标准操作流程,排查故障并恢复;根据试运行结果,拟制标准作业程序	8

续上表

序号	学 习 情 境	载体	学习任务简介	学时
4	工业机器人工作站设备交付	焊接机器人工作站	根据工作站设计方案编制操作说明书；按工艺标准编制维护保养手册；归纳整理图纸及程序文件，并装订成册完成备案工作	6

本书由四川交通职业技术学院方建华任主编，成都纺织高等专科学校姚玲峰任副主编，四川工程职业技术学院秦敏、四川交通职业技术学院范军、张文志，四川航天职业技术学院任文强、航天思尔特机器人系统股份公司李毅参与教材编写。在本书的编写过程中，费德创新（重庆）科技文化有限公司、重庆迈控机电设备有限公司等企业提供了许多宝贵的意见和建议，在此郑重致谢。

由于编者水平有限，书中难免存在不足之处，恳请广大读者批评指正。

编　者
2022年5月

目 录
CONTENTS

绪　论

《中国制造2025》提出，坚持"创新驱动、质量为先、绿色发展、结构优化、人才为本"的基本方针，坚持"市场主导、政府引导，立足当前、着眼长远，整体推进、重点突破，自主发展、开放合作"的基本原则，通过"三步走"实现制造强国的战略目标：第一步，到2025年迈入制造强国行列；第二步，到2035年中国制造业整体达到世界制造强国阵营中等水平；第三步，到新中国成立一百年时，综合实力进入世界制造强国前列。

随着工业机器人关键核心技术的攻克和突破，我国正在用自己的方式，缩短从制造大国到制造强国的距离。我国"天和"空间站配置的机械臂及装配自主机器人的总装生产线分别如图0-1、图0-2所示。

图0-1　"天和"空间站配置的机械臂

图0-2　装配自主机器人的总装生产线

一、工业机器人工作站

工业机器人工作站是指以一台或多台机器人为主，配以相应的周边设备，如变位机、输送机等，或借助人工的辅助操作一起完成相对独立的一种作业或工序的一组设备组合。

根据工作站的用途，可以将工业机器人工作站分为搬运码垛机器人工作站、装配机器人工作站、喷涂机器人工作站和焊接机器人工作站等。

1. 搬运码垛机器人工作站

搬运码垛机器人工作站用于将设定的物料搬运至固定的地点进行码垛堆砌，实现产品的高效流转，主要是将机械、气动、运动控制、PLC（Programmable Logic Controller，可编程逻辑控制器）控制技术有机结合，针对码垛对象的不同进行各种码垛模式定制。一般工作流程是机器人通过视觉等辅助性传感器识别到抓取物的位置，然后通过末端执行器（通常是利用真空吸盘抓取对象），最后将其放置在目标位置。图0-3所示为码垛包装机器人工作站。

搬运码垛机器人由总控系统、机器人及末端执行器、输送线、检测系统、供料单元、组装单元、仓库单元和回收单元等组成。总控系统主要是用于对整个工作站的控制和计算，相当于人的大脑；机器人及末端执行器组成了码垛机器人，末端执行器的类别根据被码垛对象的不同而定，相当于人的手；输送线主要是起输送的作用，部分工作站没有输送线，因此，该部分选择性使用；检测系统用于目标检测和定位，只有知道被抓取对象、对象的位置和放置的位置，才能实现灵活抓取；供料单元用于提供物料，有的供料单元是传送线，有的供料单元是移动机器人，根据运送物料而定；组装单元用于组装产品，这是搬运码垛之后需要执行的操作，如果是对于零部件的搬运码垛，则后续就会有组装单元；仓库单元用于存放被码垛的物料；回收单元用于回收被检测出的不合格工件或多余工件。

图 0-3　码垛包装机器人工作站

2. 装配机器人工作站

在机械制造领域，零件装配是一个重要的环节，也是一个重复度很高且需要花费大量时间进行的环节，因此，使用机器人工作站替代人工进行装配成为未来的趋势，也是缓解我国人口缩减导致人口福利下降的有力举措。

图 0-4　装配机器人工作站

装配机器人是为了完成装配作业而设计的一种工业机器人，而装配机器人工作站（图 0-4）是指使用一台或多台装配机器人，配有控制系统、辅助装置及周边设备，进行装配生产作业，从而达到完成特定工作任务的生产单元。

装配机器人工作站主要由机器人、控制器、末端执行器、传感器系统、输送设备、外围设备以及相关配置等组成。

3. 喷涂机器人工作站

随着经济的发展，喷涂业务的需求越来越大。喷涂行业的工作环境很差，对人体的健康有一定的伤害。喷涂机器人的发明，将人们从这种恶劣的工作环境中解救出来。我国关于喷涂机器人的研究与探索起步于 20 世纪末，随着改革开放的加快，市场推动着技术发展，相应的喷涂机器人问世，随后喷涂机器人工作站（图 0-5）也进入到配套应用之中，从此喷涂机器人工作站在工业喷涂中成为主要角色。喷涂机器人工作站是高度自动化的生产平台，除了机器人本体外，还集成了多种自动化产品，使机器人的工作更为高效，而且喷涂机器人具有动作速度快、防爆性能好等特点，如今广泛用于汽车、仪表、电器、搪瓷等工艺生产部门。

图 0-5　喷涂机器人工作站

喷涂机器人工作站主要由机器人、末端执行器、气动驱动油漆喷涂系统、烟尘净化器、电气控制系统、气动控制系统以及工业机器人喷嘴等组成。

4. 焊接机器人工作站

焊接技术已经成为国家工业化发展必不可少的实用技术，也是衡量一个国家工业制造水平强弱的重要指标，涉及各行各业，大到国家船舶、飞机等重工业，小到各机械零部件的焊接。经过多年发展和应用，焊接技术已经趋于成熟，但是考虑到焊接工作属于危险工种范畴，作业技术要求也相当高，因此，相关企业计划使用机器人代替人工进行焊接作业，焊接机器人应运而生。

焊接机器人主要由机械手总成、控制系统、示教系统、焊机、送丝机构、焊枪等组成，采用机器人进行焊接作业，可以提高作业效率，稳定生产，同时还可以改善工作环境。而焊接机器人工作站（图 0-6）除了焊接机器人外，还包含了很多辅助设备，如地轨、变位机、翻转台、焊缝跟踪系统、安全围栏、清枪器、安全系统、外围设备等配合焊接机器人工作，前者只是单纯的一套焊接机器人，价格也相对便宜，而焊接机器人工作站价格则相对较高。

图 0-6　焊接机器人工作站

二、工业机器人工作站关键设备

以弧焊机器人工作站为例，其布局如图 0-7 所示。

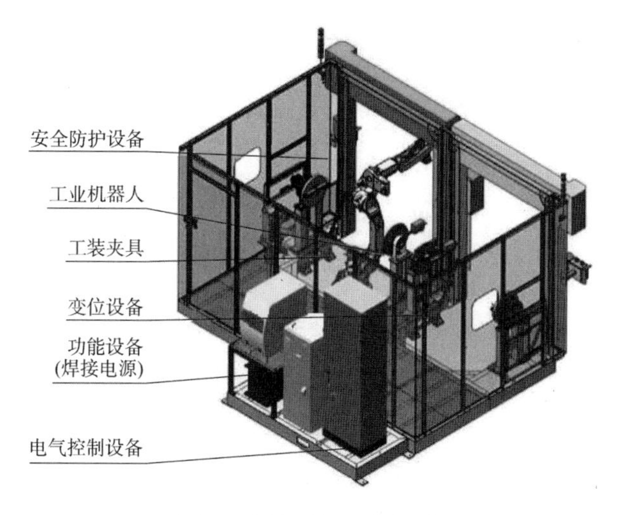

图 0-7　焊接机器人工作站布局

弧焊机器人工作站主要由工业机器人、工装夹具、变位设备、功能设备、电气控制设备及安全防护设备等组成。

工业机器人:按具体作业要求选择,主要考虑驱动方式、传动形式、自由度数、结构、可搬重量及工作空间。

变位设备:需根据任务要求专门设计。其运动数由工件位置变化要求决定;传动类型有电动、气动及液动三种,采取何种传动方式取决于工件精度、作业精度、运动件大小及与机器人运动协调要求等因素。

工装夹具:根据工件特点、作业要求、用户要求等进行专门设计。

功能设备:提供动力,如主电源控制柜(PDP)、机器人本体电源柜(WB)、焊机电源柜(WDP)等。

电气控制设备:确定系统工作顺序及互锁等安全设计,一般都有 PLC 控制柜(MCP)和变频器控制柜(VFD)。

安全防护设备:起安全防护作用,如围栏、安全门等。

学习情境一

工业机器人工作站设备组装

学习情境一　工业机器人工作站设备组装	任务1　机械设备组装	页码：
姓名：　　　　　　班级：	日期：	

学习情境描述

按照《机器人与机器人装备　工业机器人的安全要求　第2部分：机器人系统与集成》(GB 11291.2—2013)、《机械安全　集成制造系统　基本要求》(GB 16655—2008)、《机械电气安全　安全相关电气、电子和可编程电子控制系统的功能安全》(GB 28526—2012)中有关工业机器人工作站安装及验收标准，对下图所示的工业机器人焊接工作站进行设备组装，掌握其安装的工艺步骤及方法。

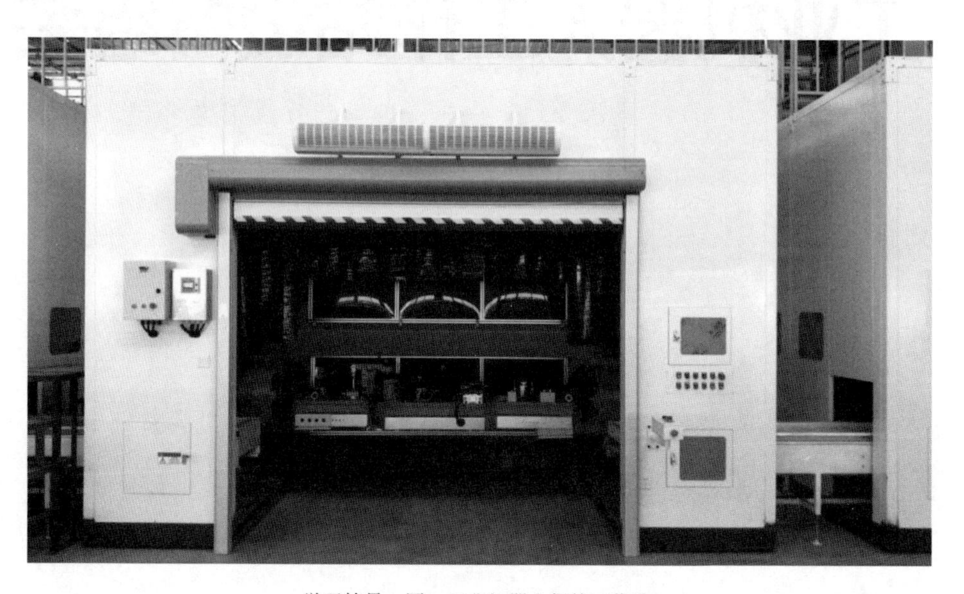

学习情景一图　工业机器人焊接工作站

学习目标

(1)能说出焊接工作站中各设备的组成及作用。
(2)能独立指出焊接工作站中各元件设备的名称及关键参数。
(3)能正确利用机械拆装工具，并按装配图组装机械设备。
(4)能正确识读电气原理图，并完成系统集成。
(5)能选用合适的测量仪表检测组装质量。

任务1　机械设备组装

任务书：查看焊接工作站机械装配图，并按图1-1所示内容完成设备现场组装。

学习情境一　工业机器人工作站设备组装		任务 1　机械设备组装	页码：
姓名：	班级：	日期：	

机械设备组装

零部件组装成套设备
- 变位机
- 工装夹具

机械设备按布局图划线定位
- 机器人定位
- 变位机构定位
- 安全护栏定位

成套设备吊装落位
- 机器人底座及机器人本体落位
- 变位机构落位
- 工装夹具落位
- 安全护栏落位

设备固定
- 膨胀锚栓
- 化学锚栓

图 1-1　机械设备组装任务

任务分组

按要求填写学生分组表(表 1-1)。

学 生 分 组 表　　　　表 1-1

<table>
<tr><td>班级</td><td></td><td>组号</td><td></td><td>指导教师</td><td></td></tr>
<tr><td>组长</td><td></td><td>学号</td><td colspan="3"></td></tr>
<tr><td>组员</td><td colspan="5"><table>
<tr><td>姓名</td><td>学号</td><td>姓名</td><td>学号</td></tr>
<tr><td></td><td></td><td></td><td></td></tr>
<tr><td></td><td></td><td></td><td></td></tr>
<tr><td></td><td></td><td></td><td></td></tr>
<tr><td></td><td></td><td></td><td></td></tr>
</table></td></tr>
<tr><td>任务分工</td><td></td><td></td><td></td><td></td><td></td></tr>
</table>

准备工作

(1)阅读工作任务书,识读工程图纸,按物料清单到仓库领料。

(2)明确工业机器人系统安全风险,正确穿戴安全作业服和装备。

(3)熟悉与人身安全相关和工业机器人本体及控制柜上的安全标识,了解工业机器人操作过程中的安全事项。

(4)了解机械拆装过程中使用的机械拆装工具和测量工具的功能和作用。

(5)收集《机器人与机器人装备　工业机器人的安全要求　第 2 部分:机器人系统与集成》(GB 11291.2—2013)、《机械安全　集成制造系统　基本要求》(GB 1665—2008)、《机械安全　接近机械的固定设施》(GB/T 17888—2020)中有关设备组装的知识。

学习情境一　工业机器人工作站设备组装	任务1　机械设备组装	页码：
姓名：　　　班级：	日期：	

工作实施

1.零部件组装成套设备

引导问题1：参照图1-2，思考变位机组装的步骤。

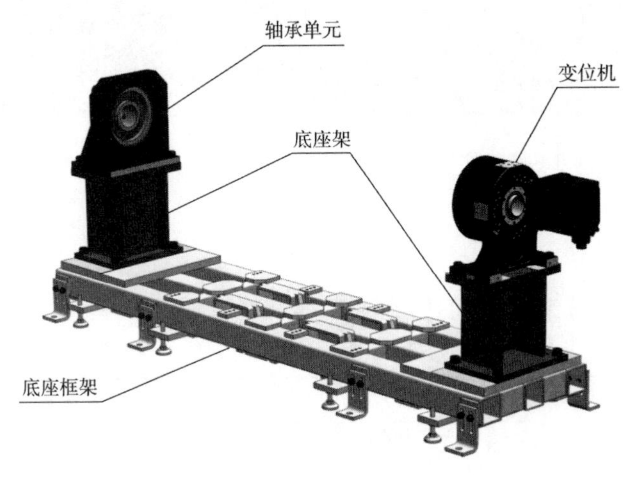

图1-2　单轴双支撑变位机

引导问题2：参照图1-3，思考应选用哪些工装夹具。

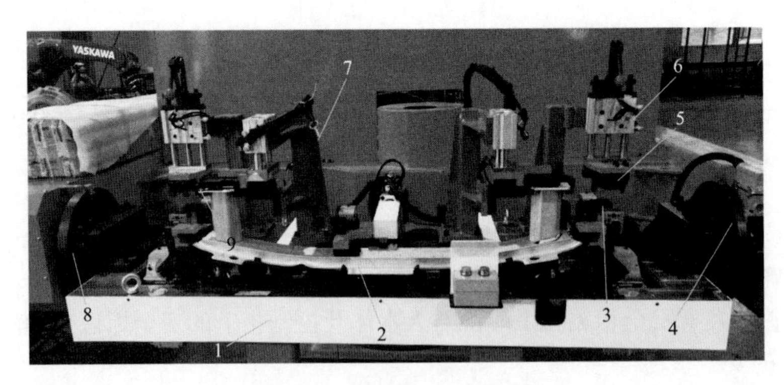

图1-3　某汽车零部件焊接平台

1-台板；2-工件；3-基准面；4、8-卡盘；5-夹紧机构；6-气缸；7-L板；9-基准销

学习情境一　工业机器人工作站设备组装	任务1　机械设备组装		页码：
姓名：	班级：	日期：	

2. 机械设备按布局图划线定位

引导问题3：参照图1-4，思考机械设备的定位步骤是什么？

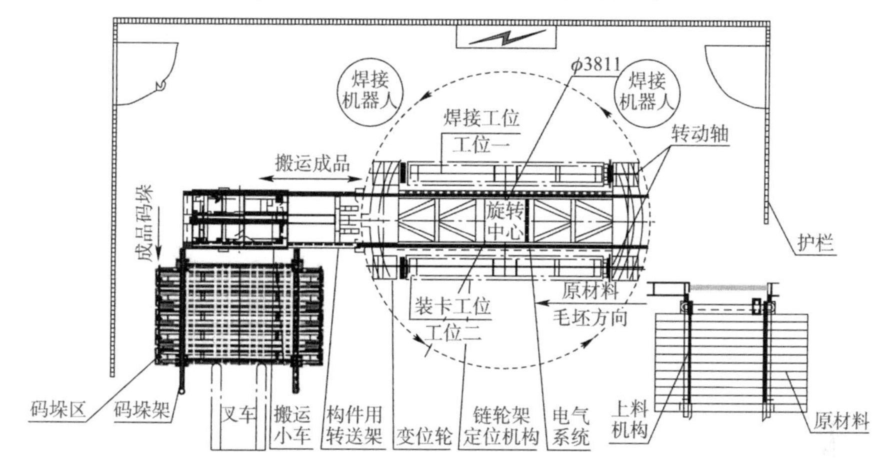

图1-4　机械设备布局图（尺寸单位：mm）

____

____

____

3. 成套设备吊装落位

1）机器人底座和机器人本体安装（图1-5）

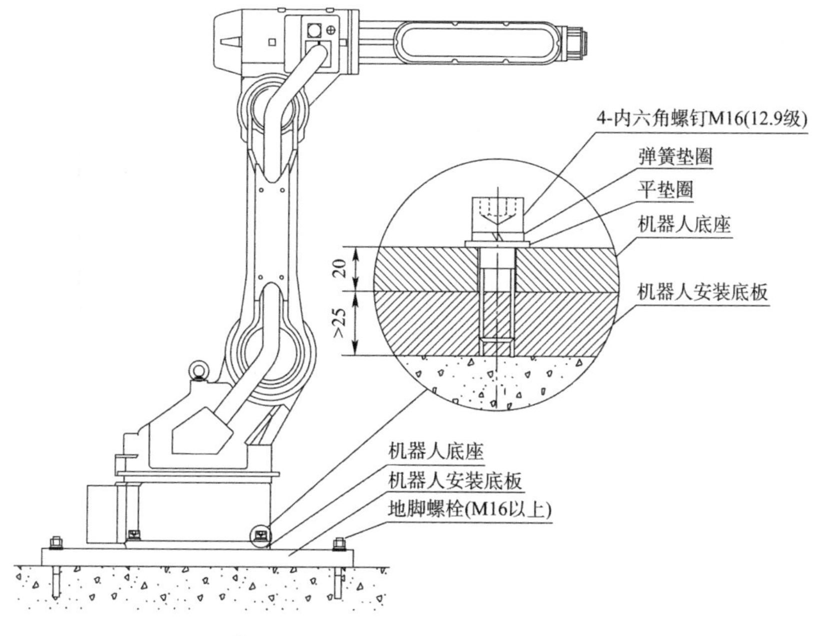

图1-5　某机器人底座和机器人本体安装（尺寸单位：mm）

学习情境一　工业机器人工作站设备组装	任务1　机械设备组装	页码：
姓名： 班级：	日期：	

引导问题4：对机器人底座和机器人本体的安装环境有何要求？

引导问题5：对机器人底座和机器人本体安装的基础地面有何要求？

引导问题6：机器人的搬运方法是什么？

引导问题7：机器人底座和机器人本体的安装步骤是什么？

2）变位机构安装

引导问题8：变位机构有哪些安装要求？

3）工装夹具安装

引导问题9：工装夹具有哪些安装要求？

引导问题10：安全护栏有哪些安装要求？

学习情境一　工业机器人工作站设备组装	任务 1　机械设备组装	页码：
姓名： 班级：	日期：	

4. 设备固定

引导问题 11：设备固定的方式是什么？

拓展思考题

(1) 识读设备安装图应注意哪些问题？

(2) 请说出检查设备组装、安装的工量具使用方法。

相关知识点

知识点 1：机械拆装工具

工业机器人工作站安装涉及的机械拆装工具见表 1-2。

机械拆装工具　　表 1-2

序号	工具及规格	工具示意图	工具作用
1	内六角扳手(规格:1.5、2、2.5、3、4、5、6、8、10)		用于各种内六角螺钉、螺栓的拧紧和拆卸
2	开口梅花两用扳手(规格:6、7、8、9、10、11、12、13、14、15、16、17、18、19、20、21、22)		用于各种外六角螺钉、螺栓的拧紧和拆卸

学习情境一　工业机器人工作站设备组装	任务1　机械设备组装	页码：
姓名： 班级：	日期：	

续上表

序号	工具及规格	工具示意图	工 具 作 用
3	扭力扳手(规格:拧紧力矩10~110N·m、60~330N·m)	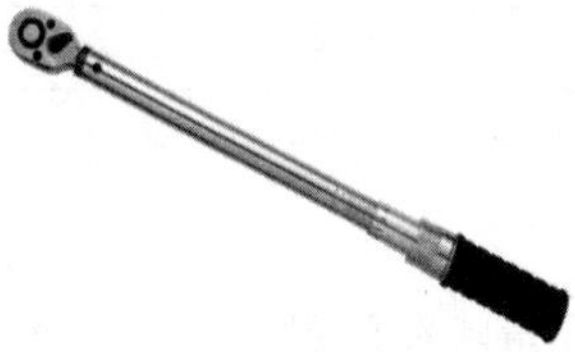	用于对拧紧力矩有要求的螺钉、螺栓的拧紧
4	撬棍		用于拆包装箱和设备位置调整
5	榔头(规格:3lb)		用于定位销安装、膨胀螺栓安装
6	斜口钳(规格:20cm)	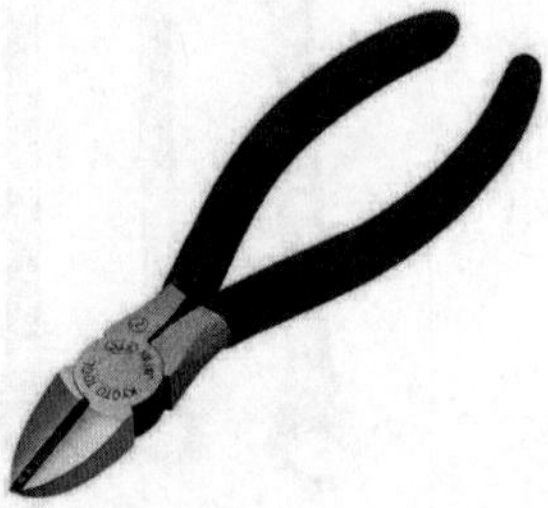	用于剪断塑料、金属

学习情境一　工业机器人工作站设备组装	任务1　机械设备组装	页码:
姓名:　　班级:	日期:	

续上表

序号	工具及规格	工具示意图	工具作用
7	螺丝刀(规格:十字、一字各为2.5mm×80mm、3mm×150mm、5mm×150mm、6mm×150mm、8mm×200mm)		用于十字、一字螺钉安装
8	剥线钳(规格:0.9~5.5mm^2)		用于剥去各种控制线绝缘层

知识点2:测量工具

工业机器人系统涉及的测量工具见表1-3。

测量工具　　表1-3

序号	工具及规格	工具示意图	工具作用
1	卷尺(规格:7.5m)		用于安装场地测量

学习情境一　工业机器人工作站设备组装	任务1　机械设备组装	页码：
姓名：　班级：	日期：	

续上表

序号	工具及规格	工具示意图	工具作用
2	记号笔(规格:中号、大号)		用于机械安装位置标识
3	万用表(规格:数字式)		用于测量电参数

知识点3:变位机的组装

变位机是专用焊接辅助设备,适用于回转工作的焊接变位,以得到理想的加工位置和焊接速度。变位机的种类较多,以图1-2所示的单轴双支撑变位机为例,其组装步骤如下:

(1)组装前应确认单轴变位机型号、是否能正常运行以及安装位置(如螺栓孔)。

(2)先将底座架按安装位置用螺栓固定在底座框架上,且保持平行。

(3)将单轴变位机、轴承单元分别安装在底座架上,用螺栓固定单轴变位机,轴承单元暂不完全固定。

(4)用专用辅具检测单轴变位机中心孔与轴承单元中心孔,调整轴承单元位置,使两中心孔同轴,一般同轴度精度为7级。

(5)达到精度要求后,拧紧螺栓至组装完成。

知识点4:焊接夹具的构造

焊接夹具主要由台板、L板、基准面、基准销、夹紧机构(U形限位块、夹紧臂、气缸等)、支座等组成。

(1)台板也叫工作台,用于安装夹具组件,上表面加工有坐标刻度线,用于夹具基准状况的检测。

学习情境一　工业机器人工作站设备组装	任务 1　机械设备组装	页码：
姓名：　班级：	日期：	

（2）L 板用于安装夹具型块（S 面型块）、基准销组件、夹紧机构、导向装置等夹具组件。

（3）基准面（S 面型块）将零件支撑在正确的位置上，并承受夹具夹紧机构的夹紧力。

（4）基准销将工件安装到正确的位置上，以保持后续工序定位基准的一致性，保证产品焊接精度的一致性和稳定性。

（5）夹紧机构由 U 形限位块、夹紧臂、气缸或手动夹等组成，用于矫正变形的工件，缩小工件间的搭接间隙，将工件夹紧固定在正确的位置上（基准面），避免焊接作业时工件错位或变形，确保工件焊接精度的稳定性。

知识点 5：机器人本体安装要求及方法

机器人安装现场必须满足以下环境条件：

（1）运转时，环境的温度应在 0 ~ 55℃之间。

（2）场所湿度较小、较干燥（湿度为 20% ~ 80% RH，无结露）。

（3）场所灰尘、粉尘、油烟、水等较少。

（4）场所不存在易燃、腐蚀性液体及气体。

（5）场所无冲击、无振动、无电磁噪声源。

（6）安装面的平面度在 0.5mm 以下。

基础地面要求满足以下条件：

（1）机器人安装面的平面度确保在 0.5mm 以下。

（2）基础地面为混凝土，一般要求其厚度大于安装螺钉长度，部分机型要求混凝土厚度在 150mm 以上。

机器人搬运的方法如下：

（1）搬运安装机器人时首选使用起重机，其搬运姿态如图 1-6 所示。

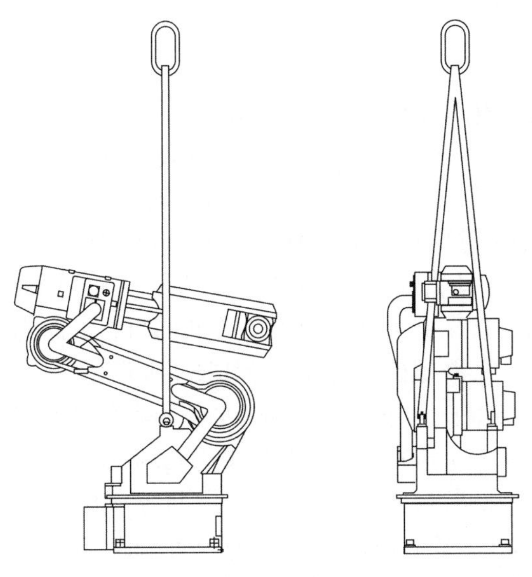

图 1-6　起重机搬运姿态

学习情境一　工业机器人工作站设备组装	任务1　机械设备组装	页码：
姓名：　班级：	日期：	

(2)使用叉车搬运时，将机器人安装在具有足够负载能力的底板上(叉车运送底板由用户自行设计制作)，用螺栓固定，叉车叉子插入底板，连同机器人一起搬运(图1-7)。

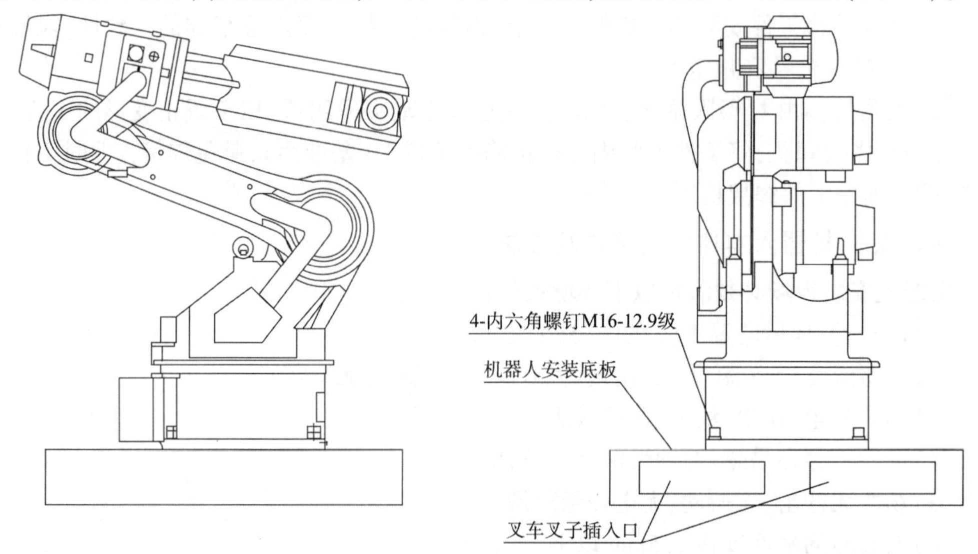

图1-7　使用叉车搬运方法

机器人底座和机器人本体的安装步骤如下：

(1)首先把机器人安装底板固定在地面上，安装底板必须具有足够的强度和刚度，一般选用4个M16以上的地脚螺栓把安装底板固定在地面上。

(2)机器人的底座应通过其上4个安装孔用M16内六角螺钉牢固地固定在机器人安装底板上。

(3)将机器人与底座用连接螺钉相连。

知识点6：设备固定方式

通常采用膨胀螺栓和化学锚栓安装固定机械设备。

(1)膨胀螺栓由螺杆、六角螺母、弹簧垫圈、平垫圈和胀管组成。安装时，在混凝土地面或墙体上制作一个适宜孔径及高层度的孔洞，将膨胀螺栓敲入这个孔洞后，再将机械设备的安装孔套入螺杆，而后拧紧螺杆顶部的六角螺母，迫使螺杆底部的锥体与胀管之间产生较大的相对位移(轴向移动)，导致胀管被迫撑开并始终贴紧孔洞内壁。此时，混凝土孔洞内壁处就会产生很大的挤压应力和摩擦阻力等共同阻止膨胀螺栓的拔出，从而达到安装固定机械设备的作用。膨胀螺栓的固定原理如图1-8所示。

(2)化学锚栓主要由螺杆、六角螺母、弹垫、平垫圈和化学胶管组成。安装时，同样在混凝土地面或墙体上制作一个适宜孔径及高层度的孔洞，清除孔洞内的混凝土细颗粒、粉尘后，再将化学胶管塞入孔洞内，而后通过专用工具将螺栓旋转并插入化学胶管直至孔洞底部。在此安装过程中，化学胶管破碎，化学药剂立即凝固并产生的巨大的粘接力阻止化学锚栓拔出。化学锚栓的固定原理如图1-9所示。

学习情境一　工业机器人工作站设备组装	任务1　机械设备组装	页码：
姓名：　　班级：	日期：	

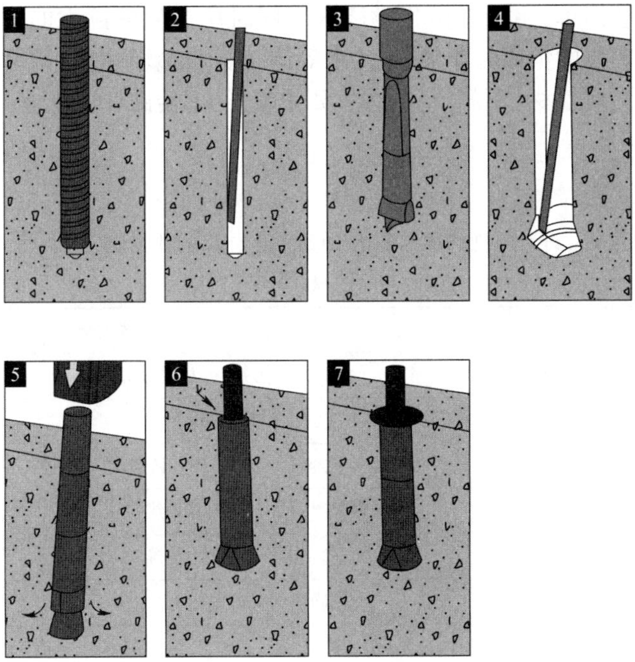

图1-8　膨胀螺栓固定原理

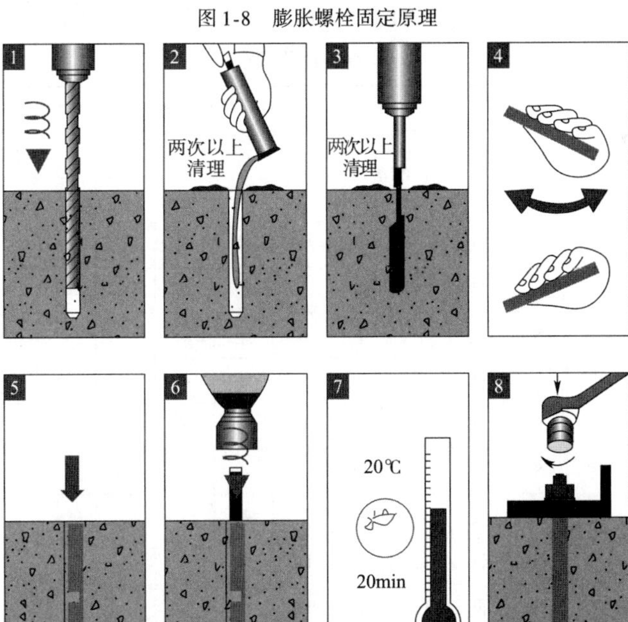

图1-9　化学锚栓固定原理

(3)膨胀螺栓和化学锚栓的工作机理不同。前者受力复杂，由多种作用力共同提供抗拔力，且在混凝土中将产生很大的挤压应力，对基材(混凝土)的强度要求较高，易损坏混

学习情境一　工业机器人工作站设备组装	任务1　机械设备组装	页码：
姓名：　　　　班级：	日期：	

凝土；后者则受力较简单，主要是由化学药剂凝固时所产生的巨大的粘接力来提供抗拔力。经检测，化学锚栓的锚固力非常强，几乎等同于金属预埋螺栓（俗称地脚螺栓），且混凝土绝无挤压应力，对基材（混凝土）的强度要求较低，不会破坏混凝土。

评价反馈

（1）学生进行自评，评价自己是否能够完成机械设备组装的学习，并填写完成表1-4。

学生自评表　　　　表1-4

班级：	姓名：	学号：	
学习情境一	任务1　机械设备组装		
评价项目	评价标准	分值	得分
零部件组装成套设备	说明变位机组装步骤、工装夹具选用方法	20	
机械设备按布局图划线定位	正确识读设备布局图并划线定位	30	
成套设备吊装落位	安装各设备的方法正确	40	
设备固定	正确选用设备固定方法	10	
总分		100	

（2）学生以小组为单位进行互评，填写完成表1-5。

学生互评表　　　　表1-5

学习情境一		任务1　机械设备组装													
评价项目	分值	等级								评价对象（组别）					
										1	2	3	4	5	6
计划合理	8	优	8	良	7	中	6	差	4						
方案准确	8	优	8	良	7	中	6	差	4						
团队合作	8	优	8	良	7	中	6	差	4						
组织有序	8	优	8	良	7	中	6	差	4						
工作质量	8	优	8	良	7	中	6	差	4						
工作效率	8	优	8	良	7	中	6	差	4						
工作完成	10	优	10	良	8	中	7	差	5						
工作规范	16	优	16	良	12	中	10	差	6						
识读报告	16	优	16	良	12	中	10	差	6						
成果展示	10	优	10	良	8	中	7	差	5						
合计	100														

（3）教师对学生工作过程与工作结果进行评价，填写完成表1-6。

学习情境一 工业机器人工作站设备组装	任务1 机械设备组装	页码：
姓名： 班级：	日期：	

教师评价表

表1-6

班级：　　姓名：　　学号：

学习情境一		任务1 机械设备组装		
评价项目		评价标准	分值	得分
考勤(10%)		无迟到、早退、旷课现象	10	
工作过程(60%)	学习准备	主动查阅相关资料	10	
	引导问题填写	能结合图纸及现场图片说明机械设备装配工艺，完成问题解答	25	
	工艺优化	能根据不同现场给予处理方法	10	
	工作态度	态度端正，工作认真、主动	5	
	协调能力	与小组成员之间能合作交流，协调工作	5	
	职业素质	能做到安全生产、文明施工、保护环境、爱护公共设施	5	
项目成果(30%)	规范操作	合理	10	
	工艺步骤	准确	10	
	展示汇报	完整	10	
合计			100	

综合评价	学生自评(20%)	小组互评(30%)	教师评价(50%)	综合得分

学习情境一　工业机器人工作站设备组装	任务 2　现场电气安装	页码：
姓名： 班级：	日期：	

任务 2　现场电气安装

任务书：以某焊接工作站为例，在完成设备的机械设备组装和定位安装后，进行电气设备落位、电气桥架铺设、电缆放线、电气接线、电气标识等（图 2-1）。

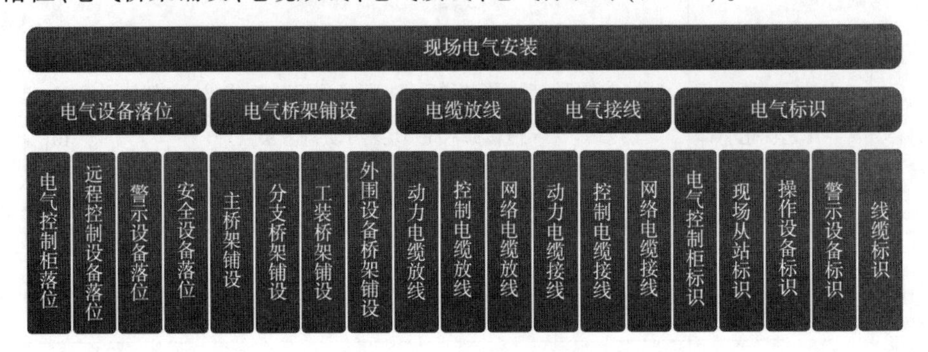

图 2-1　现场电气安装任务

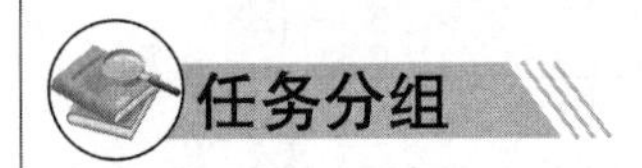

任务分组

按要求填写学生分组表（表 2-1）。

学 生 分 组 表　　　　表 2-1

班级		组号		指导教师	
组长		学号			
组员	姓名	学号	姓名	学号	
任务分工					

准备工作

（1）阅读工作任务书，识读工程图纸，按物料清单到仓库领料。

（2）明确现场电气安装风险，正确穿戴安全作业服和装备。

（3）熟悉与人身安全相关和工业机器人本体及控制柜上的安全标识，了解工作站电气连接中的安全事项。

学习情境一　工业机器人工作站设备组装	任务 2　现场电气安装	页码：
姓名：　　　　班级：	日期：	

（4）了解电气连接过程中使用的接线工具和测量工具的功能和作用。

（5）阅读《机器人与机器人装备　工业机器人的安全要求　第 2 部分：机器人系统与集成》（GB 11291.2—2013）、《机械安全　集成制造系统　基本要求》（GB 16655—2008）、《机械电气安全　机械电气设备　第 1 部分：通用技术条件》（GB/T 5226.1—2019）中有关设备组装的知识。

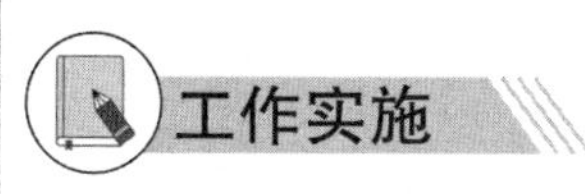

工作实施

某焊接工作站电气原理图如图 2-2 所示，请按工艺流程完成现场电气安装。

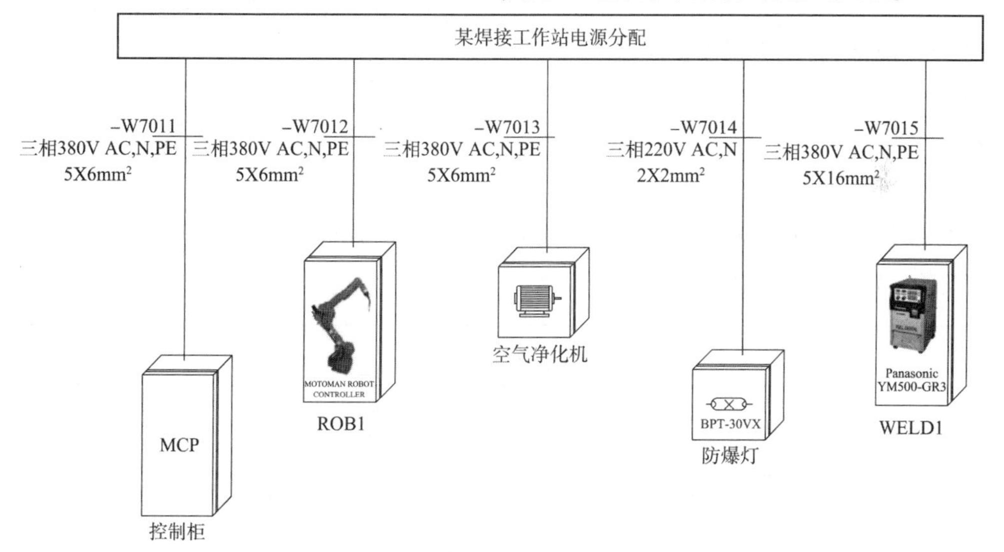

图 2-2　某焊接工作站电气原理图

1. 电气设备落位

引导问题 1：图 2-3、图 2-4 分别是哪种电气控制柜？

图 2-3　MCP

图 2-4　PDP

学习情境一　工业机器人工作站设备组装	任务2　现场电气安装	页码：
姓名： 班级：	日期：	

引导问题2：现场柜体落位要求是什么？

引导问题3：现场电气控制柜距离安全围栏的距离要求为______

引导问题4：请说明现场柜体落位固定方式。

引导问题5：远程控制设备又称从站设备，是由PLC控制的。图2-5、图2-6中的远程控制设备分别主要有哪些？

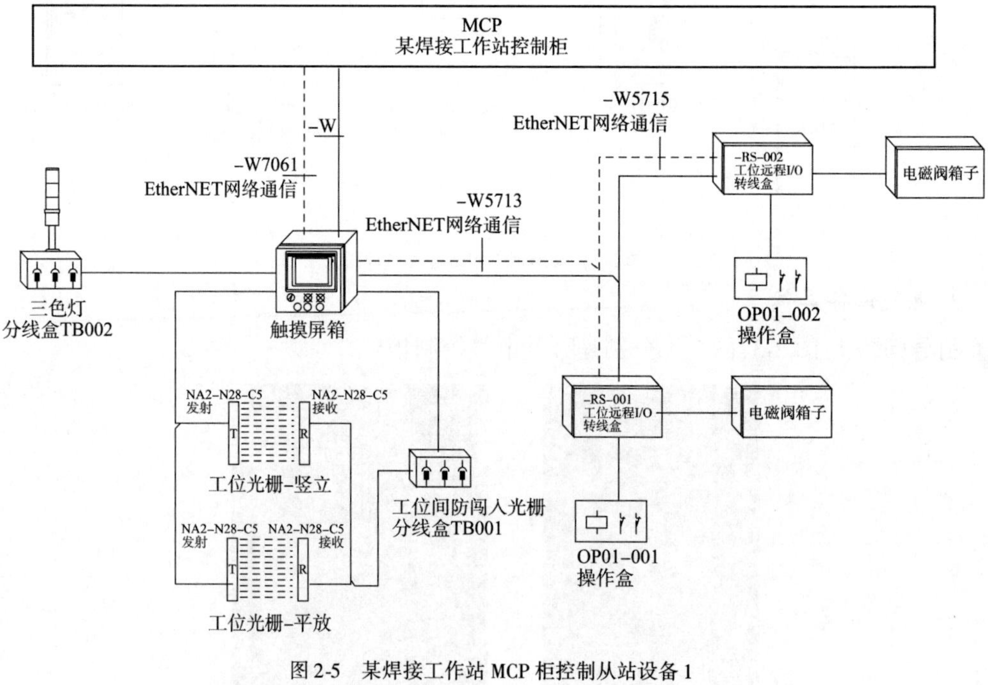

图2-5　某焊接工作站MCP柜控制从站设备1

学习情境一　工业机器人工作站设备组装		任务 2　现场电气安装	页码：
姓名：	班级：	日期：	

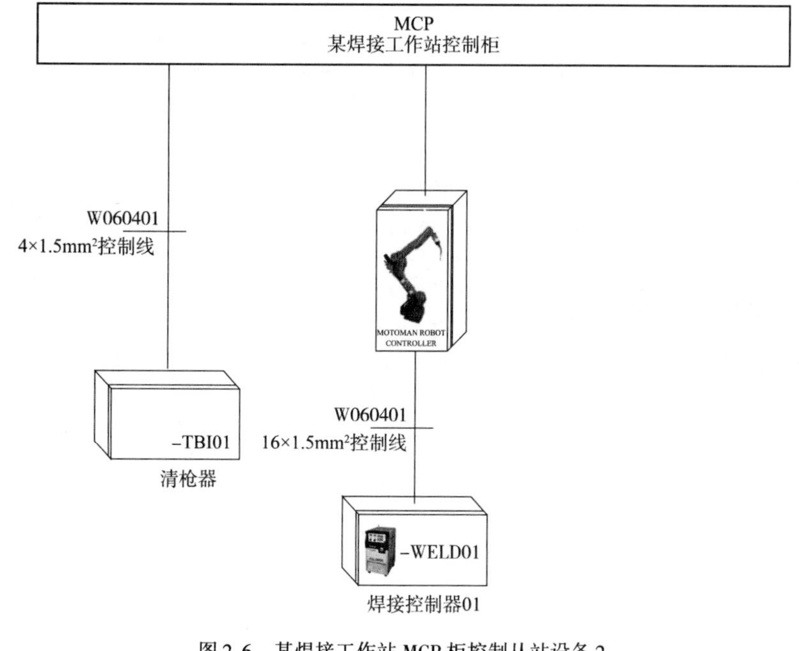

图 2-6　某焊接工作站 MCP 柜控制从站设备 2

引导问题 6：参照图 2-7、图 2-8 说明远程控制设备的落位间距及固定方式。

a) 正面

b) 侧面

图 2-7　焊机控制柜和机器人控制柜

学习情境一　工业机器人工作站设备组装	任务2　现场电气安装	页码：
姓名：　　班级：　　日期：		

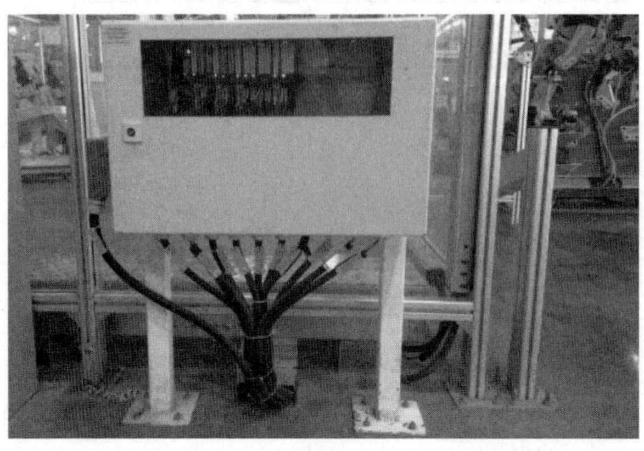

a)从站箱(JB)

b)操作箱(SB)

图2-8　从站箱和操作盒

引导问题7：如图2-9所示，SMC、MURR在工装台上是如何固定的？

a)阀导(SMC)

b)穆尔模块

图2-9　阀导和穆尔模块

学习情境一　工业机器人工作站设备组装	任务2　现场电气安装	页码：
姓名：　　　　　　　　班级：	日期：	

引导问题8：请参照图2-10，思考GB、RSB的安装位置是什么。

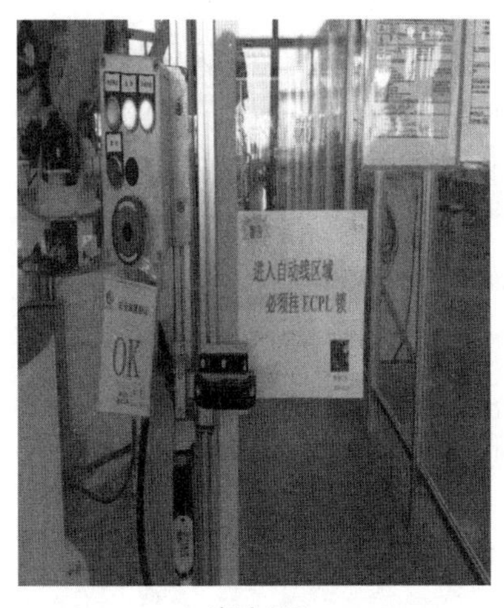

a)门盒(GB)

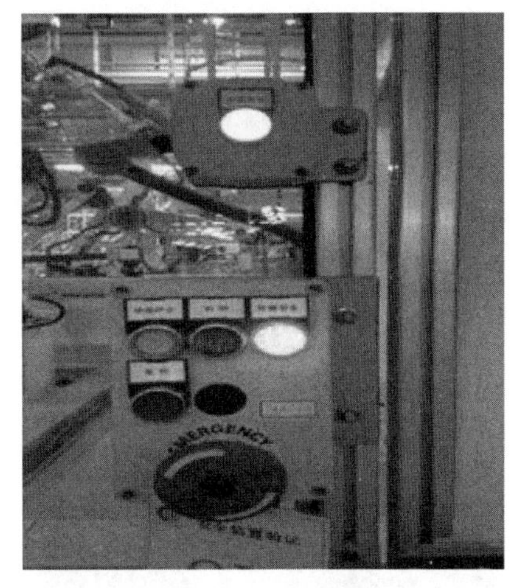

b)光栅复位盒(RSB)

图2-10　门盒和光栅复位盒

引导问题9：图2-11所示的三色警示灯是如何安装的？

图2-11　三色警示灯

学习情境一　工业机器人工作站设备组装	任务2　现场电气安装	页码：
姓名： 班级：	日期：	

引导问题10：某焊接工作站设计要求如图2-12所示，请思考光栅安装位置是怎样的。

a)对射型光栅

b)扇形光栅

图2-12　两种光栅

2. 电气桥架铺设

引导问题11：主桥架铺设应符合什么要求？

引导问题12：参照图2-13，思考槽内规划应满足什么要求。

图2-13　槽内规划

学习情境一　工业机器人工作站设备组装		任务2　现场电气安装	页码：
姓名：	班级：	日期：	

引导问题13：参照图2-14，思考主桥架拼接方式是什么。

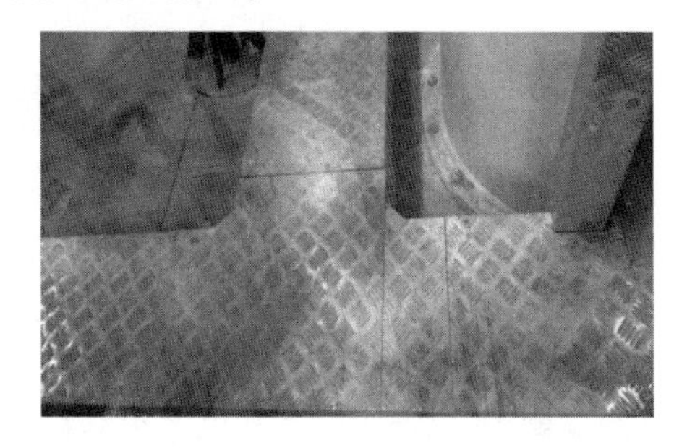

图2-14　主桥架拼接

引导问题14：参照图2-15～图2-17，思考主桥架开槽方式分别是怎样的。

图2-15　控制柜开槽

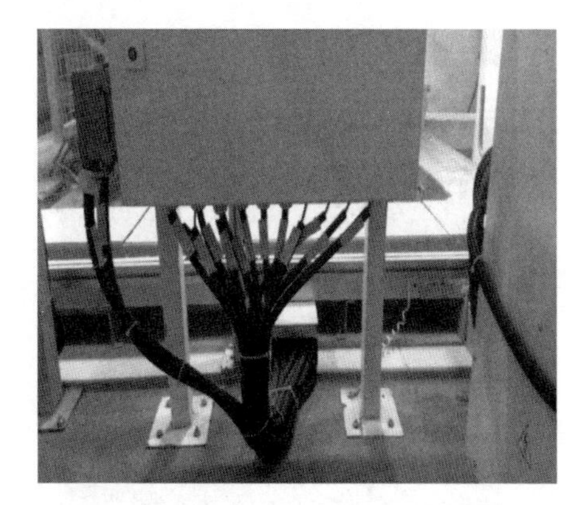

图2-16　外部设备底面开槽

学习情境一　工业机器人工作站设备组装	任务2　现场电气安装	页码：
姓名：　　　　班级：	日期：	

图 2-17　内部设备底面开槽

引导问题 15：参照图 2-18，思考焊接机器人分支桥架铺设原则是什么。

图 2-18　焊接机器人分支

引导问题 16：参照图 2-19、图 2-20，思考工装桥架铺设原则是什么。

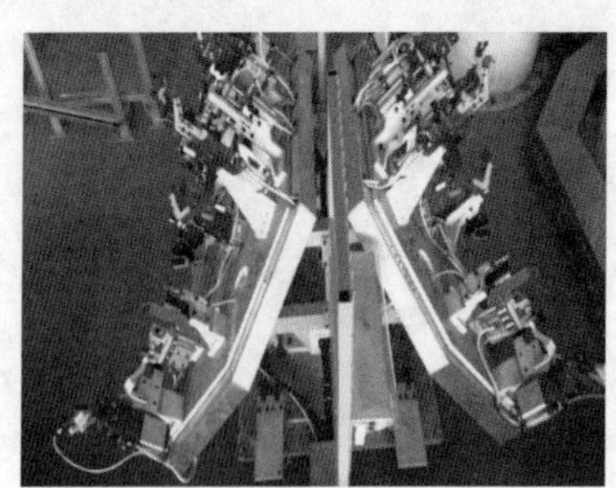

图 2-19　工装夹具桥架

学习情境一　工业机器人工作站设备组装	任务 2　现场电气安装	页码：
姓名：　　　　班级：	日期：	

图 2-20　阀导走线

引导问题 17：图 2-21 所示为某光栅和安全门盒桥架走线，其铺设原则是什么？

图 2-21　光栅和安全门盒桥架走线

引导问题 18：参照图 2-22，思考从站箱和操作盒桥架走线方式是什么。

学习情境一　工业机器人工作站设备组装	任务2　现场电气安装	页码：
姓名：　　　　班级：	日期：	

图2-22　从站箱和操作盒桥架走线

引导问题19：参照图2-23，思考机器人控制柜和工位柱灯桥架走线方式是什么。

图2-23　机器人控制柜和工位柱灯桥架走线

3.电缆放线

引导问题20：你能否按图2-24所示电气图铺设动力电缆？

引导问题21：如图2-25所示，焊接电缆放线要求是什么？

学习情境一　工业机器人工作站设备组装	任务2　现场电气安装	页码:
姓名: 　班级: 　日期:		

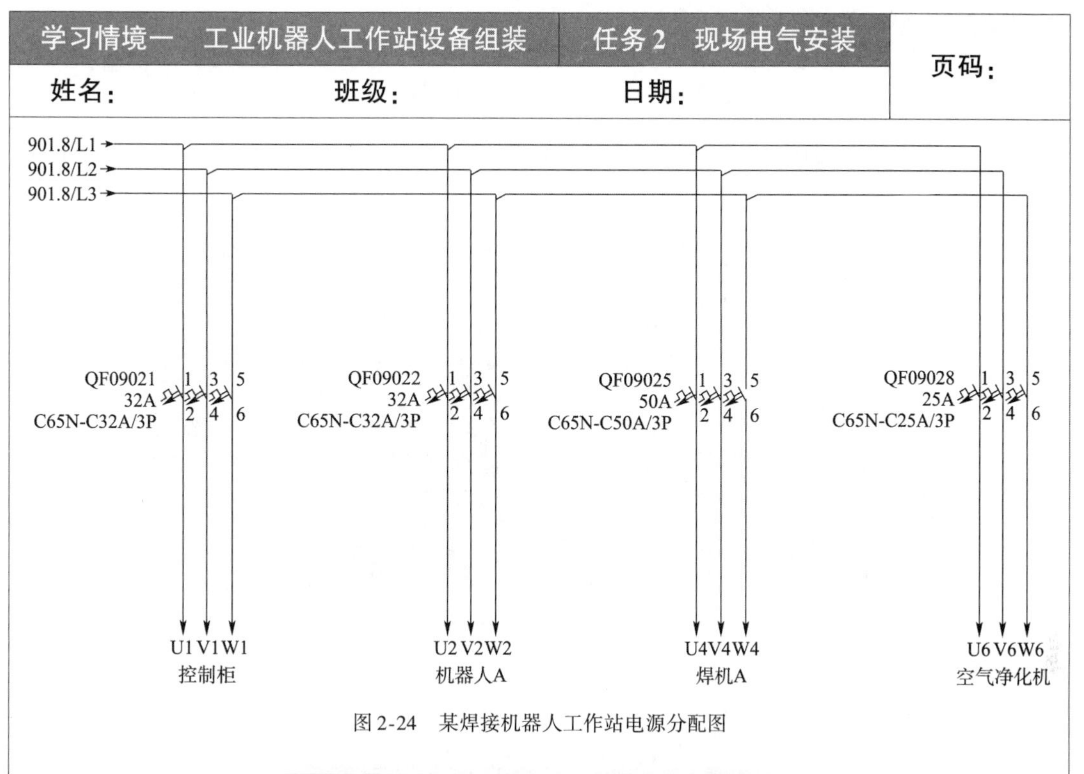

图 2-24　某焊接机器人工作站电源分配图

图 2-25　焊接电缆动力线的放线示意图

引导问题 22:参照图 2-26,思考机器人动力电缆放线要求是什么。

图 2-26　机器人电缆的放线示意图

学习情境一　工业机器人工作站设备组装	任务2　现场电气安装	页码：
姓名：　　　　班级：	日期：	

引导问题 23：观察图 2-27 所示机器人预制线缆放线示意图，思考其放线处置方法是什么。

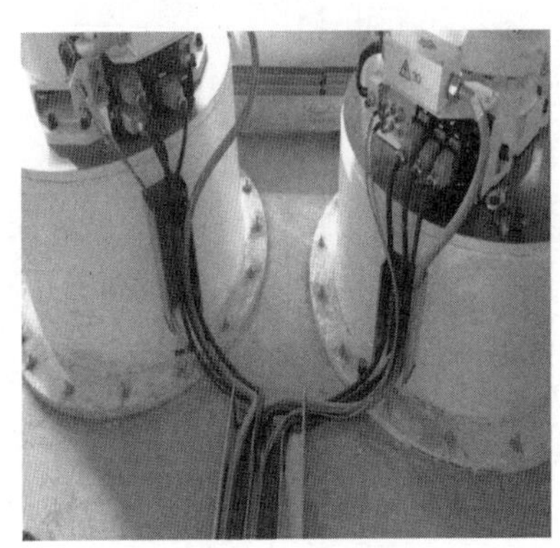

图 2-27　机器人预制线缆截止处

引导问题 24：参照图 2-28，思考工作站控制电缆放线要求是什么。

图 2-28　控制电缆放线和终端捆扎

引导问题 25：工装台身上的控制电缆、放线和走线如图 2-29 所示，说明现场总线的走线规则。

学习情境一　工业机器人工作站设备组装	任务2　现场电气安装	页码：
姓名： 班级：	日期：	

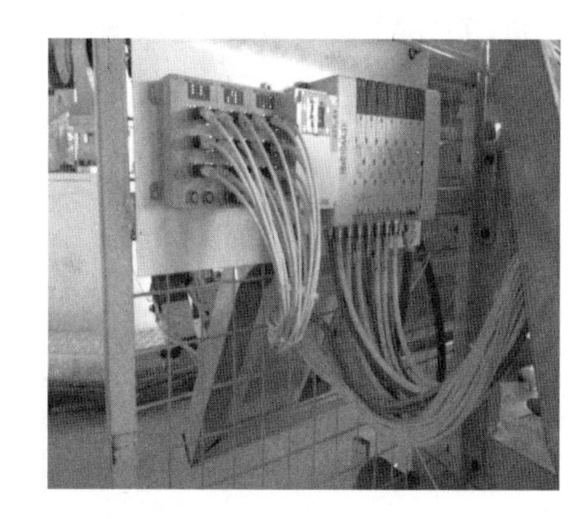

图2-29　工装台控制电缆和终端捆扎

引导问题26：某焊接工作站MCP柜布局图及使用Harting接头截止处如图2-30所示，其控制电缆如何分流？

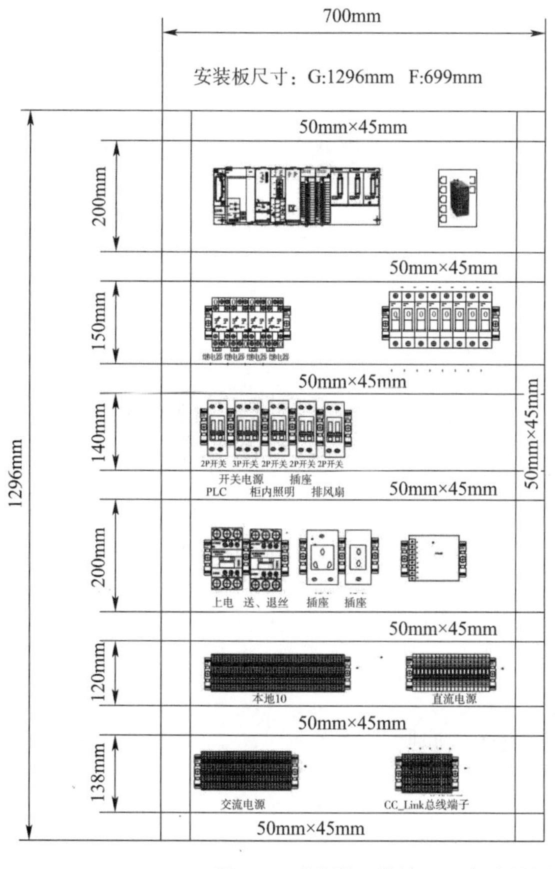

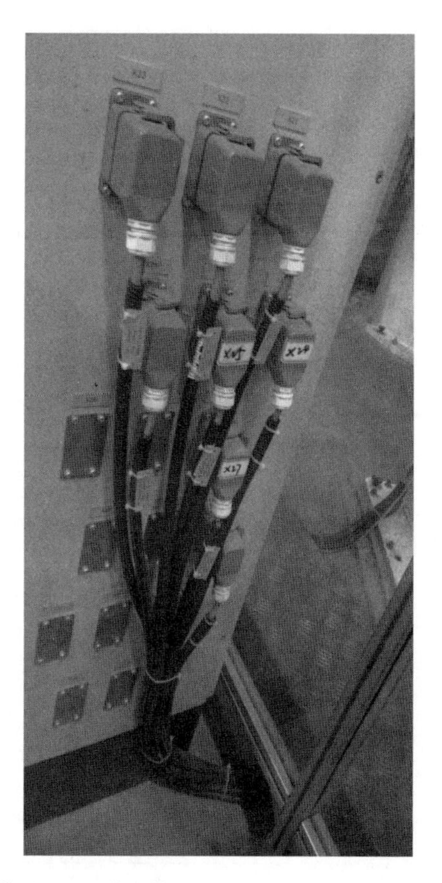

图2-30　某焊接工作站MCP柜布局图+使用Harting接头截止处

学习情境一　工业机器人工作站设备组装	任务 2　现场电气安装	页码：
姓名：　　　　班级：	日期：	

引导问题 27：你能否按照网络连接图（图 2-31）进行网络电缆分配？

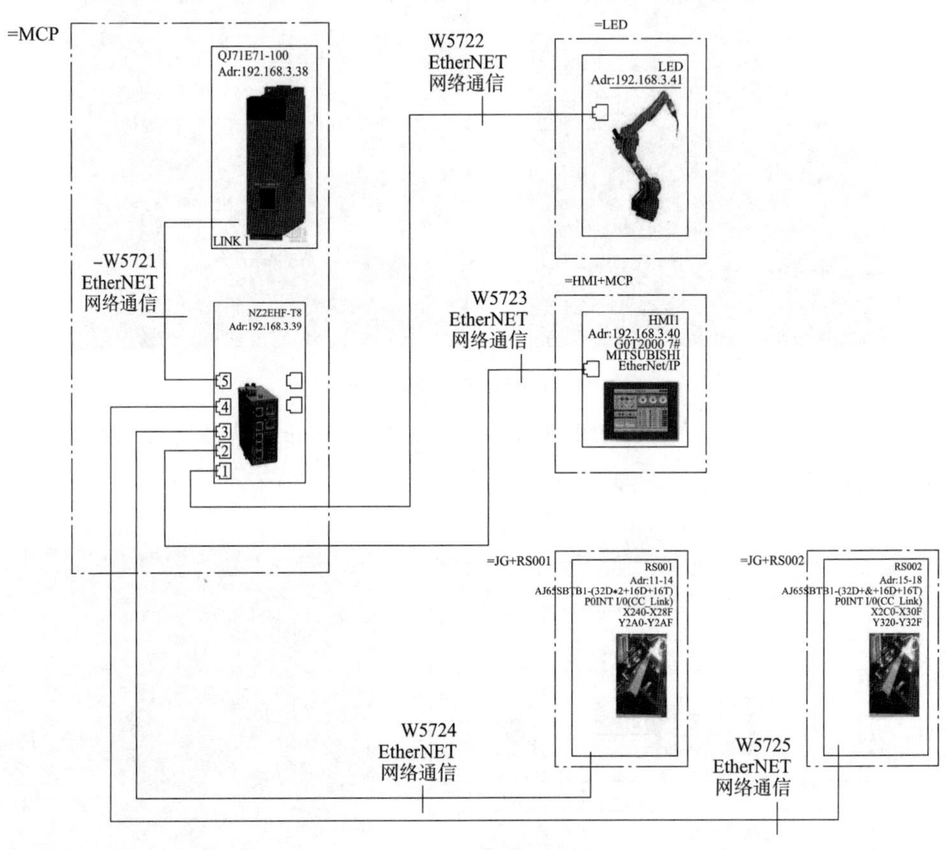

图 2-31　网络连接图

引导问题 28：参照图 2-32，思考网络电缆分配原则是什么。

4. 电气接线

引导问题 29：参照图 2-33，思考动力电缆接线原则是什么。

学习情境一　工业机器人工作站设备组装	任务 2　现场电气安装	页码：
姓名：　班级：	日期：	

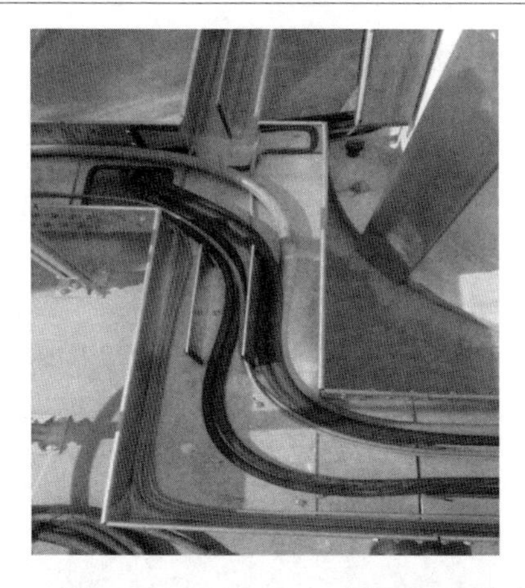

图 2-32　网络电缆(绿色)放线图

图 2-33　动力电缆接线图

引导问题 30：参照图 2-34，思考控制电缆接线原则是什么。

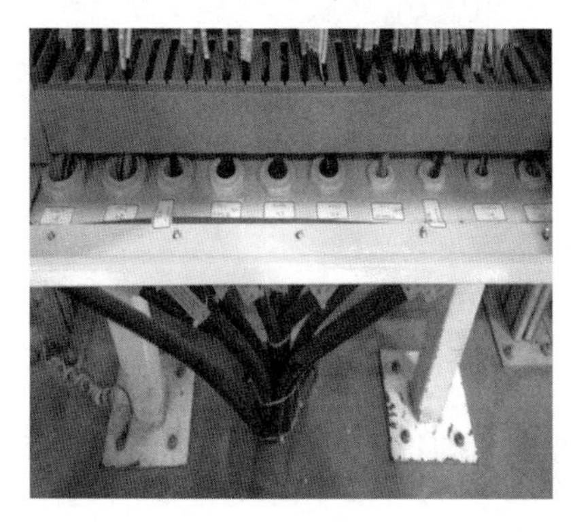
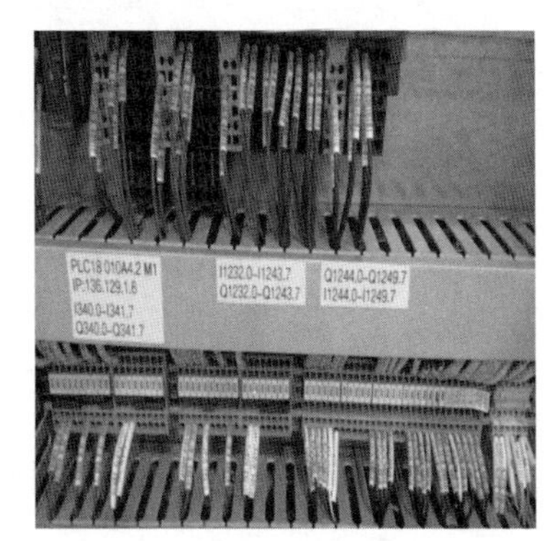

图 2-34　控制电缆接线图

____

____

____

学习情境一　工业机器人工作站设备组装	任务2　现场电气安装	页码:
姓名:	班级:	日期:

引导问题31:参照图2-35,思考网络电缆接线原则是什么。

a)接远程控制模块

b)接交换机

图2-35　网络电缆接线

5. 电气标识

引导问题32:某电气柜铭牌如图2-36所示,其铭牌标识中包括哪些信息?

设备名称: AREA CONTROL CABINET
设备描述: 9X_EC_020_PLC8_MCP1
图纸编号: 9X_EC_020_PLC8　设备编号: =8+A2.1
电　压: 400 V　频　率: 50 HZ
相　数: 3 P　容　量: 35 A
制 造 商:
生产日期: 2013-9-1

a)MCP铭牌

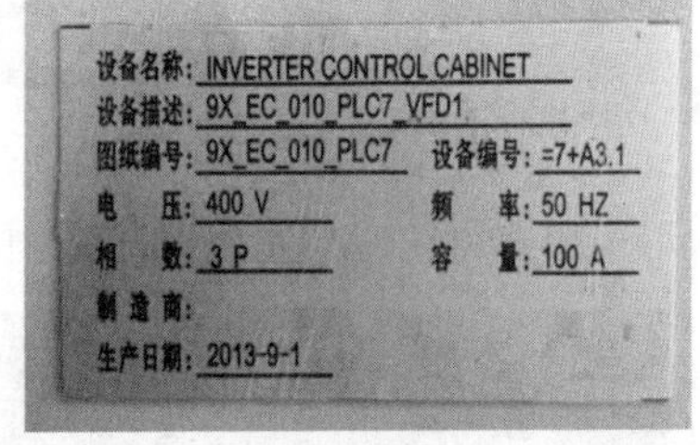

b)VFD铭牌

图2-36　铭牌标识

引导问题33:某机器人控制柜和附属示教器铭牌标识如图2-37所示,其标识中包括哪些信息?

学习情境一　工业机器人工作站设备组装	任务2　现场电气安装	页码：
姓名：　　　　　　班级：	日期：	

a)机器人控制柜

b)机器人示教器

图 2-37　铭牌标识

引导问题 34：某现场从站铭牌标识如图 2-38 所示，其标识中包括哪些信息？

图　2-38

学习情境一　工业机器人工作站设备组装	任务2　现场电气安装	页码:
姓名:　　　　班级:	日期:	

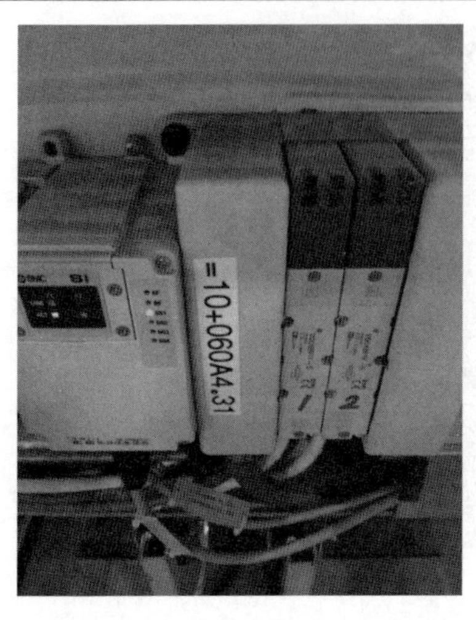

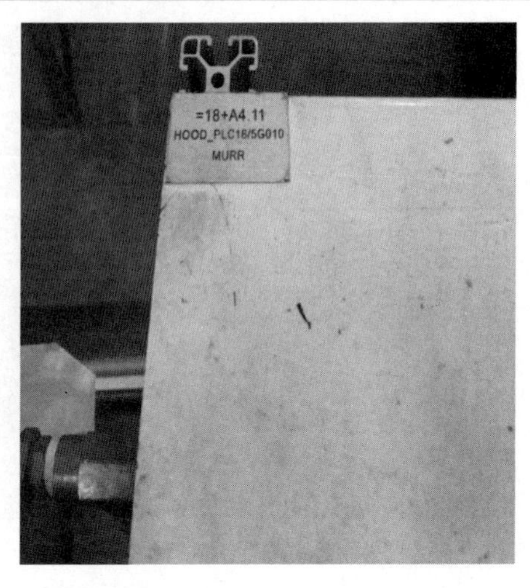

图2-38　现场从站铭牌标识

____

____

____

引导问题35:某操作设备铭牌标识如图2-39所示,其标识中包括哪些信息?

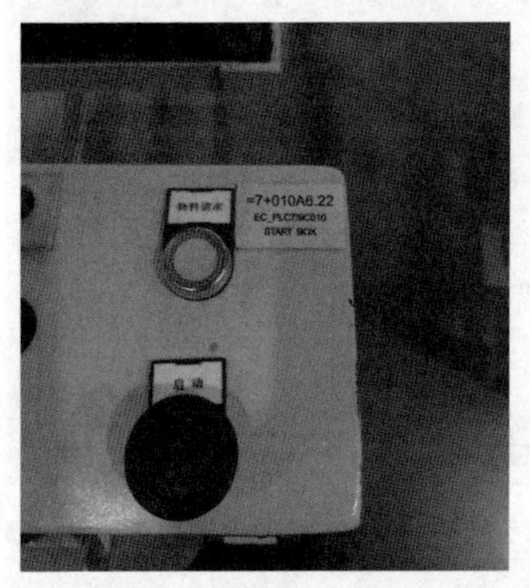

a)操作盒

b)门盒

图2-39　铭牌标识

____

____

____

引导问题36:某指示灯铭牌标识如图2-40所示,其标识中包括哪些信息?

____

____

____

学习情境一　工业机器人工作站设备组装	任务 2　现场电气安装	页码：
姓名：　　　　　　班级：	日期：	

图 2-40　指示灯铭牌标识

引导问题 37：某动力电缆铭牌标识如图 2-41 所示，其每层的意义是什么？

图 2-41　动力电缆铭牌标识

____

____

____

引导问题 38：某控制电缆铭牌标识如图 2-42 所示，其每层的意义是什么？

____

____

____

引导问题 39：某网线铭牌标识如图 2-43 所示，其每层的意义是什么？

____

____

____

学习情境一　工业机器人工作站设备组装	任务2　现场电气安装	页码：
姓名：　　　　班级：	日期：	

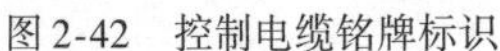
图2-42　控制电缆铭牌标识

图2-43　网线铭牌标识

拓展思考题

(1)现场电气接线有哪些施工环节?

(2)电气控制柜现场落位有哪些要求?

(3)电缆主桥架和分支桥架及工装桥架槽内规划是什么?

(4)动力电缆、控制电缆和网络电缆放线规则是什么?

(5)动力电缆、控制电缆和网络电缆接线原则是什么?

(6)电气控制柜的电气铭牌内容包括什么?

相关知识点

知识点1:电气控制柜落位说明

电气控制柜一般包括主电源控制柜(PDP)、焊接电源控制柜(WDP)、PLC控制柜(MCP)和变频器控制柜(VFD)。

电气控制柜正常情况下都落位在安全围栏的外面,且落位在方便人工监视和控制的位置。在CAD的布局图中,设计人员都会合理地将位置标注清楚。如果是连体线,一般涉及点焊和搬运的机器人,这样就涉及供电、供气、供水方面的设备规划,原则都是按照电气控制柜、供水供气、桥架、设备的顺序从外到内依次落位设计;如果是单工位,则根据实际方便的要求来做。

现场电气控制柜距离安全围栏的距离要求为15~30cm。

现场控制柜其柜体的四角都设计有专门固定孔,一般采用冲击钻+膨胀螺栓方式固定;其他现场的控制柜四角没有预留设计好的固定孔,一般都采用角钢+冲击钻+膨胀螺栓方式固定;另外还有一些特殊工种的电气控制柜,比如柜体是分层打开和关闭的,底层

学习情境一　工业机器人工作站设备组装		任务2　现场电气安装	页码:
姓名:	班级:	日期:	

和上层是连体固定好的,底层有加重的性质处理,这种一般采用单独设计围栏将柜体围住来固定,固体底面不需要处理。

知识点2:远程控制设备落位说明

远程控制设备又称从站设备,是由 PLC 控制的。

远程控制设备包括从站箱(JB)、机器人控制柜(RB)、焊机控制柜(WB)、铆枪控制柜(CB)、螺柱焊控制柜(NSW)、涂胶机控制柜(GRACO)、触摸屏(CMU)、阀导(SMC)、穆尔模块(MURR)、机器人(Robot)、门盒(GB)、光栅复位盒(RSB)、焊接中转箱(RJB)和操作盒(SB)。

远程控制设备都是严格按照 CAD 空间布局图来摆放位置的,它们都固定在安全围栏的外围,但距离安全围栏位置不等。从站箱距离安全围栏 15cm;机器人控制柜距离安全围栏 60cm;铆枪、焊机、螺柱控制柜都是固定在机器人控制柜上方;涂胶机控制柜距离安全围栏 15cm;触摸屏距离安全围栏 40cm;阀导固定在围栏内部的夹具或者滑台旁边;穆尔模块水单元距离围栏 15cm,还有一些固定在夹具和机器人换枪盘上。

从站箱、触摸屏、穆尔模块、操作盒、焊接中转箱采用冲击站 + 膨胀螺栓方式固定;固定在夹具上的阀导和穆尔模块采用手枪钻 + 攻丝方式固定;门盒、光栅复位盒采用内六角 + 凸缘螺栓方式固定;其他的控制设备柜体下方有集成安装好的 4 个万向轮,用轮子来固定。一般 SMC 都是先安装在保护支架上;还有一些放在滑台附近,控制插销动作和滑台,使用铝型材支架安装好,再固定到地面上;而 MURR 放在工装上一般都采用手枪钻 + 攻丝方式固定,用于控制冷却水或者控制整个工位的气源,则一般都是先安装在铝型材支架上,然后再固定到地面上。GB、RSB 一般都是安装在安全围栏上,且基本上都会选在门的附近,采用内六角 + 凸缘螺栓方式固定,且 GB 距离地面高度要在 130cm 以上,RSB 距离地面高度要在 140cm 以上。三色警示灯是安装在安全围栏上方的,采用铝型材 + 凸缘螺栓 + L 形支架 + 十字螺栓方式固定,先将亚克力板固定在一字铝型材条板上,然后将亚克力板固定在灯底座和 L 形支架中间用十字螺栓锁紧,最后将组装好的一起通过凸缘螺栓固定在铝型材上。需要注意的是,L 形支架需要做开孔处理,否则,灯控制线无法穿进去使用;整站的警示灯不需要 L 形支架,固定方法与前一种差不多。对射型光栅,适用于上件区域为方形的且区域较小的情况;而对于上件区域为非方形区域且区域比较大的情况,使用扇形检测的扫描仪尤为合适,可做到无死角扫描。例如,某焊接工作站设计要求光栅安装位置对射型固定在铝型材上,扇形固定在执行机构正下方。此时,需注意此两种光栅的安装过程中,执行机构不能影响光栅,且需要把检测不到的地方警示消除,以确保人员安全。

知识点3:桥架参数

1. 主桥架铺设

尺寸大小:2m 主桥架一根,高度 150mm,宽度 400mm,厚度 2mm。

主桥架隔板距离:动力线 160mm、控制线 160mm、网线 80mm(最好根据现场实际电缆

学习情境一　工业机器人工作站设备组装	任务2　现场电气安装	页码：
姓名：	班级： 日期：	

的多少而定)。

主桥架铺设要求:在安全围栏内侧同时也在线体设备的外围铺设,也就是说,主桥架将线体设备围起来,安全围栏再将主桥架、线体设备围起来。

槽内规划:动力、控制、网线按间距从大到小划分隔离槽,弯头处需要添加隔板,各种线缆走向要求统一,桥架开孔依据现场情况来定。

主桥架拼接方式:一般主桥架大都是直来直去,有时候会有90°直角拐弯,有时候会有T字形三通拼接等。

主桥架开槽方式:分为三部分,第一部分是给控制开槽,现场标准300mm×400mm方孔,底面开孔,孔下方加抽屉接住,线缆穿孔经抽屉进入柜内;第二部分是给外围设备开槽孔,方法也是底面开孔+抽屉;第三部分是给内部设备开槽孔,此种情况最为麻烦,要依据开孔对象是什么设备来确定大小尺寸,如果为线缆进线较为少的开孔对象,可以选择底部开圆孔+锁紧头+黑色浪管的方式。

2. 分支桥架铺设

分支桥架铺设原则是动力线和控制线要分开,控制线可以和网线在一起,但是不允许和动力线在一起。

尺寸大小:2m分支桥架一根,高度150mm,宽度300mm,厚度2mm。

分支桥架隔板距离:动力线140mm、控制线100mm、网线60mm(最好根据现场实际电缆的多少而定)。

防护要求:防滑、防水、防尘、耐踩踏、防焊接飞溅、防腐锈、变形指数高等。

厚度要求:一般0.5~3mm,用在汽车生产线上。

槽内规划:动力线、控制线、网线使用隔板按要求尺寸隔离,电缆线槽预留20%余量。

支架要求:分为L形支架、Z字形支架、方管斜切对称梯形支架,支架厚底1~5mm,支架底部固定处分U形孔、圆孔、方孔,支架离桥架底面100mm,支架离桥架盖板面250mm。

盖板要求:1mm厚度+1mm花纹板,花纹板使用材质为铝型材,且具有自锁紧螺栓或者侧面锁扣。

断面要求:在使用切割机处理指定要求的形状后,桥架断面处需添加保护措施来消除毛刺,一般使用桥架护边。

连接:双排螺丝12个孔,再加2个连接地线孔,共14个固定孔,连接片一般采用扁平铜丝缆或者单芯黄绿线。若使用单芯黄绿线,又分2种情况:一种为简易线,一种为螺旋伸缩型线,一般高标准线体使用螺旋体地线或者高质量配套扁平缆。

3. 工装桥架铺设

工装桥架铺设原则是与夹具不干涉,与设备动作不干涉。

尺寸大小:2m工装桥架一根,高度100mm,宽度100~150mm,厚度1mm。

槽内规划:工装夹具的桥架铺设,涉及24V远程模块电源线、网线、信号控制线以及气

学习情境一　工业机器人工作站设备组装	任务 2　现场电气安装	页码：
姓名：　　　　班级：	日期：	

管及其相关组件，遵循原则电和气一体，电随气走，此类线槽内无须铺设隔板，一般规划气管在最里层，控制线在气管上层，且层次分明不得交叉。

工装桥架铺设：一般都是铺设在夹具上，夹具有规则的形状和不规则的形状，可以水平无角度、直来直去、直角拐弯；也可有不规则角度的、带有斜坡类的，有 30°、45°、60°等分类。

工装桥架开槽：(1)电源线和网线进线口，采用开圆孔加锁紧头；或者开方形槽口加黑色波纹管。(2)信号线出线口，一般采用在侧面开 U 形槽口加桥架护边。需要注意的是，Y 形三通接头不允许放在线槽内，电源三通也不允许放在线槽内，可以引出去固定在夹具上。

4. 外围设备桥架铺设

光栅的桥架一般安装在安全围栏外面，桥架跟随围栏走线到控制模块中，此外还有扇形扫描光栅，具体要看现场情况来铺设桥架。安全门盒桥架固定在围栏铝型材上，使用凸缘螺栓固定，一般依据线缆粗细和铝型材尺寸来选型桥架尺寸。从站箱采取底部开槽 + 抽屉的桥架方式；操作盒一般跟随安全围栏来做，铺设采用 50mm × 50mm 桥架 + 凸缘螺栓方式，上下左右延伸出线形式需依据现场操作盒的位置来定。机器人控制柜桥架采用的是主桥架底面开槽，分支桥架封口抽屉式。工位柱灯桥架一般工位柱灯都会安装在每个工位的门盒正上方，桥架也是固定在安全围栏的铝型材上。以上桥架尺寸要依据现场需求来定，一般都选用 50mm × 50mm。

知识点 4：电缆放线

动力电缆放线的要求是动力线缆应该放在空间最大的一槽，一般均选择靠近电气控制一侧的作为动力缆槽，这样方便放线且符合设计要求。值得提出的是，最粗的动力电缆应该放在最底层，依次排开，拐弯处弧度要留出来。

机器人动力电缆放线要求是动力线缆和编码器控制电缆要分开放线，在放线规划时，要将一些粗的和细的动力线缆按顺序和空间规划好，一般来说都是焊接电缆最底层，380V 设备控制电缆在其上一层，也有线少的可以并排铺设。

控制电缆放线要求线槽归属为隔板中间，做到平铺、不交叉即可，动力线缆分开扎线方式和保护措施，做到顺眼、美观、不交叉即可；保护一般都是加黑色浪管配合锁口。

工装台身上的控制电缆、放线和走线、现场总线的规则就是走线不得与其他线产生干涉，这是首要条件，其次再考虑走线的可行性和美观度。

网络电缆分配在线槽中最窄的槽子中，网络电缆必须要与其他动力线缆分离，一般现场需要采用具有屏蔽功能的电缆，并有柔性和非柔性之分。网线放线也一样，隔开、平铺、直、不交叉是其基本准则。

知识点 5：电缆接线

动力电缆接线原则：线缆的进线要规范，做到层次分明、美观；接线也一样；动力线缆一般分为压线鼻子和不压线鼻子两类，特别是一定要认真检查线缆的属性、线号，确保准

学习情境一　工业机器人工作站设备组装	任务 2　现场电气安装	页码：
姓名：　　班级：	日期：	

确无误，一般动力线缆都会有 1 ~ 2cm 的铜丝剥掉，然后压入线鼻子压紧，最后缠上不同颜色胶带区分。

控制电缆接线原则：电缆的进线和接线分布合理，进线美观，接线接触良好，标注清晰、无误。

网络电缆接线方式有两大类，第一类是接到交换机或者控制柜 ET200S 模块上，全部使用直头方形插头或者直角方形插头；第二类是接到远程控制模块上，如穆尔、阀导、机器人控制柜、机器人本体等都采用图 2-35 所示接头形式、接线方式，对照颜色，对号入座即可。

知识点 6：电气标识

控制柜的电气铭牌中包括具体的电气规范和厂商信息。

机器人控制柜和附属示教器的标识上面记录有 PLC 套数和工位编号，以及线体名称和设备代表的意思。

机器人控制柜动力线缆标识中，第一行表示此根线的编号；第二行表示此根线的源头是哪里；第三行表此根线目的地。

控制电缆的标识中，第一行表示此根线缆编号；第二行表示源头是哪里；第三行表示目的地。

网络电缆的标识中，第一行表示源头在哪里；第二行表示目的地。

评价反馈

（1）学生进行自评，评价自己是否能够完成现场电气安装的学习，并填写完成表 2-2。

学 生 自 评 表　　表 2-2

班级：	姓名：　　学号：		
学习情境一	任务 2　现场电气安装		
评价项目	评价标准	分值	得分
电气设备落位	说明电气控制柜、远程控制设备、警示设备和安全设备落位要求	20	
电气桥架铺设	说明主桥架、分支桥架、工装桥架及外围设备桥架铺设标准	25	
电缆放线	根据现场设置相应的动力电缆、控制电缆及网络电缆放线处理方法	25	
电气接线	说明动力电缆、控制电缆及网络电缆接线规范要求	20	
电气标识	完成电气控制柜、现场从站、操作设备、警示设备及线缆标识信息识读	10	
总分		100	

（2）学生以小组为单位，填写完成表 2-3。

学习情境一　工业机器人工作站设备组装	任务 2　现场电气安装	页码：
姓名：	班级：	日期：

学生互评表

表 2-3

学习情境一	任务 2　现场电气安装													
评价项目	分值	等级								评价对象(组别)				
										1	2	3	4	5	6
计划合理	8	优	8	良	7	中	6	差	4						
方案准确	8	优	8	良	7	中	6	差	4						
团队合作	8	优	8	良	7	中	6	差	4						
组织有序	8	优	8	良	7	中	6	差	4						
工作质量	8	优	8	良	7	中	6	差	4						
工作效率	8	优	8	良	7	中	6	差	4						
工作完成	10	优	10	良	8	中	7	差	5						
工作规范	16	优	16	良	12	中	10	差	6						
识读报告	16	优	16	良	12	中	10	差	6						
成果展示	10	优	10	良	8	中	7	差	5						
合计	100														

(3)教师对学生工作过程与工作结果进行评价,填写完成表 2-4。

教师评价表

表 2-4

班级：		姓名：		学号：
学习情境一		任务 2　现场电气安装		
评价项目		评价标准	分值	得分
考勤(10%)		无迟到、早退、旷课现象	10	
工作过程(60%)	学习准备	主动查阅相关资料	10	
	引导问题填写	能结合图纸及现场图片说明机械设备装配工艺,完成问题解答	25	
	工艺优化	能根据不同现场给予处理方法	10	
	工作态度	态度端正,工作认真、主动	5	
	协调能力	与小组成员之间能合作交流,协调工作	5	
	职业素质	能做到安全生产、文明施工、保护环境、爱护公共设施	5	
项目成果(30%)	规范操作	合理	10	
	工艺步骤	准确	10	
	展示汇报	完整	10	
合计			100	

综合评价	学生自评(20%)	小组互评(30%)	教师评价(50%)	综合得分

学习情境一　工业机器人工作站设备组装	任务3　检测组装质量	页码：
姓名：　　　班级：	日期：	

任务3　检测组装质量

任务书:在所有硬件设施装接完毕之后,必须要检测组装质量。检测内容如图3-1所示。

图3-1　检测组装质量

任务分组

按要求填写学生分组表(表3-1)。

学生分组表　　表3-1

班级		组号		指导教师	
组长		学号			
组员	姓名	学号	姓名	学号	
任务分工					

准备工作

(1)明确工业机器人系统安全风险,正确穿戴安全作业服和装备。

(2)熟悉与人身安全相关和工业机器人本体及控制柜上的安全标识,了解工业机器人操作过程中的安全事项。

(3)了解设备检测过程中使用的检测工具和测量工具的功能和作用。

(4)明确现场设备安装检测工艺及要求。

(5)收集《机器人与机器人装备　工业机器人的安全要求　第2部分:机器人系统与集成》(GB 11291.2—2013)、《机械安全　集成制造系统　基本要求》(GB 16655—2008)中有关设备组装的知识。

学习情境一　工业机器人工作站设备组装	任务3　检测组装质量	页码：
姓名： 班级：	日期：	

工作实施

1. 各零部件是否组装准确

引导问题1：组装检查内容包括什么？

______

______

______

2. 各动作部件是否干涉

引导问题2：各动作部件干涉检查内容包括什么？

______

______

______

3. 各紧固件、连接头是否紧固到位并连接可靠

引导问题3：各紧固件、连接头检查内容包括什么？

______

______

______

4. 工装夹具三坐标检测

引导问题4：三坐标测量仪的使用方法是什么？

______

______

______

拓展思考题

(1)如何确定螺栓连接可靠？

(2)零部件位置精度指的是哪些？如何检测？

相关知识点

知识点1：检测工具

检测组装质量涉及的工具见表3-2。

学习情境一　工业机器人工作站设备组装	任务3　检测组装质量	页码：
姓名： 班级：	日期：	

检测工具 表3-2

序号	工具及规格	工具示意图	工具作用
1	扭力扳手（规格：扭力10～110N·m、60～330N·m）		用于对拧紧力矩有要求螺钉、螺栓的拧紧
2	便携式三坐标测量仪		用于工装夹具位置检测
3	钢直尺（规格：1m）		用于位置检测

知识点2：三坐标测量仪认知

（1）三坐标测量仪是指在一个六面体的空间范围内，能够表现几何形状、长度及圆周分度等测量能力的仪器，又称三坐标测量机或三坐标量床。

（2）三坐标测量仪的测量功能应包括尺寸精度、定位精度、几何精度及轮廓精度等。

（3）三坐标测量仪按结构大致可分为悬臂式、台式、桥式、龙门式、关节臂式等。

（4）工装夹具三坐标检测内容主要包括夹具的基准销、基准面、夹紧臂等位置度。

知识点3：便携式三坐标测量仪（关节臂式）操作步骤

（1）安装测量臂和探针。

（2）连接设备。

学习情境一　工业机器人工作站设备组装	任务 3　检测组装质量	页码：
姓名： 班级： 日期：		

(3)探针校准。

(4)测量。

(5)分析测量结果。

评价反馈

(1)学生进行自评,评价自己是否能够完成检测组装质量的学习,并填写完成表 3-3。

学 生 自 评 表　　表 3-3

班级：	姓名：	学号：	
学习情境一	任务 3　检测组装质量		
评价项目	评价标准	分值	得分
零部件安装检测	正确选用检测工具及操作步骤	20	
各动作部件干涉检测	正确选用检测工具及操作步骤	30	
紧固件、接头连接检查	正确选用检测工具及操作步骤	30	
工装夹具三坐标检测	正确选用检测设备及操作步骤	20	
总分		100	

(2)学生以小组为单位进行互评,填写完成表 3-4。

学 生 互 评 表　　表 3-4

学习情境一	任务 3　检测组装质量													
评价项目	分值	等级								评价对象(组别)					
										1	2	3	4	5	6
计划合理	8	优	8	良	7	中	6	差	4						
方案准确	8	优	8	良	7	中	6	差	4						
团队合作	8	优	8	良	7	中	6	差	4						
组织有序	8	优	8	良	7	中	6	差	4						
工作质量	8	优	8	良	7	中	6	差	4						
工作效率	8	优	8	良	7	中	6	差	4						
工作完成	10	优	10	良	8	中	7	差	5						
工作规范	16	优	16	良	12	中	10	差	6						
识读报告	16	优	16	良	12	中	10	差	6						
成果展示	10	优	10	良	8	中	7	差	5						
合计	100														

(3)教师对学生工作过程与工作结果进行评价,填写完成表 3-5。

学习情境一　工业机器人工作站设备组装	任务 3　检测组装质量	页码：
姓名： 班级： 日期：		

教 师 评 价 表　　表 3-5

班级：　　姓名：　　学号：

学习情境一		任务 3　检测组装质量				
评价项目		评价标准			分值	得分
考勤(10%)		无迟到、早退、旷课现象			10	
工作过程(60%)	引导问题填写	能结合图纸及现场图片编制现场电气安装工艺方案			35	
	协调能力	与小组成员、同学之间能合作交流，协调工作			15	
	工艺优化	能根据不同现场给予解决方法			10	
项目成果(30%)	方案编制	方案编制合理			10	
	工艺步骤	工艺步骤准确			10	
	报告内容	报告内容完整			10	
合计					100	
综合评价		学生自评(20%)	小组互评(30%)	教师评价(50%)	综合得分	

学习情境二

工业机器人工作站上电调试

学习情境二　工业机器人工作站上电调试	任务 4　通用设备上电调试	页码：
姓名：　　班级：	日期：	

学习情境描述

工作站设备组装完成以后，需要对工作站进行上电调试，以验证设备是否安装到位、功能是否能够满足预定的设计标准。

按照企业标准化的调试步骤对工作站进行上电调试，如下图所示，掌握其规范操作工艺步骤，培养精益求精的工匠精神。

学习情景二图　工作站上电调试

学习目标

(1) 能看懂工作站电气原理图。

(2) 能根据电气原理图明确 PLC 与外部设备的数据交互关系。

(3) 能熟练掌握 I/O 点检测步骤及操作流程。

(4) 能理解什么是安全程序。

(5) 会进行安全程序编写。

(6) 会进行安全程序调试。

(7) 能理解机器人与 PLC 之间的通信方式。

(8) 能在博图软件中对 PLC 进行总线通信 Profinet 配置。

(9) 能看懂机器人端 SOCKET 通信程序。

(10) 能理解 PLC 端 TCP 服务器通信程序。

(11) 能理解 PLC 控制伺服电机程序。

学习情境二　工业机器人工作站上电调试	任务4　通用设备上电调试	页码：
姓名：　　　　班级：	日期：	

(12)能对以上程序进行下载调试,通过调试,实现按钮控制机器人动作,控制伺服电机点动、连续运动等。

(13)能理解什么是手动运行程序和自动运行程序。

(14)会进行手动和自动程序编写。

(15)会进行手动和自动程序调试。

(16)能理解什么是机器人示教。

(17)会在现场进行机器人示教编程和点位坐标调试。

(18)能理解哪些情况会出现报警。

(19)会进行报警处理程序调试。

(20)能下载 HMI 程序。

(21)能找到 HMI 界面中相关按钮、输入框等挂接变量。

(22)能在 PLC 程序中找到相关挂接变量,并知道其含义。

(23)明晰有哪些焊接参数需要调整。

(24)能通过焊机调整对应的焊接参数。

(25)能根据焊接效果和质量进行焊接参数的调整。

任务4　通用设备上电调试

通用设备上电调试包括根据电气图纸及控制流程图编写离线程序;完成安全程序调试,机器人、变位机、PLC 通信程序调试,手动动作、自动动作逻辑程序调试,机器人现场示教、点位坐标调整工作,报警信息程序调试等。特殊功能调试包括 HMI 画面组态编制、焊接参数调试、焊缝跟踪视觉系统调试工作。通用设备上电调试任务内容如图 4-1 所示。

图 4-1　通用设备上电调试任务

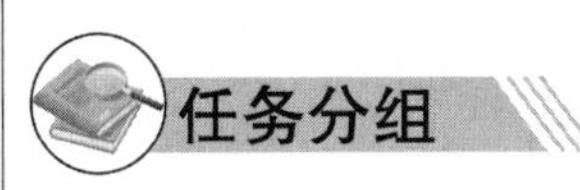

按要求填写学生分组表(表 4-1)。

学习情境二　工业机器人工作站上电调试	任务4　通用设备上电调试	页码：
姓名：　　　　班级：	日期：	

学 生 分 组 表　　表 4-1

班级		组号		指导教师	
组长		学号			
组员	姓名	学号	姓名	学号	
任务分工					

任务4.1　I/O点检测

对电气原理图进行认真分析，并对照电气原理图，找到图纸中PLC、各导线在工作站设备实物中的位置，利用万用表检测I/O（输入/输出）接线的正确性。

准备工作

（1）阅读电气原理图（图4-2～图4-6），识读图纸中PLC输入输出模块、机器人输入输出模块接线原理图。

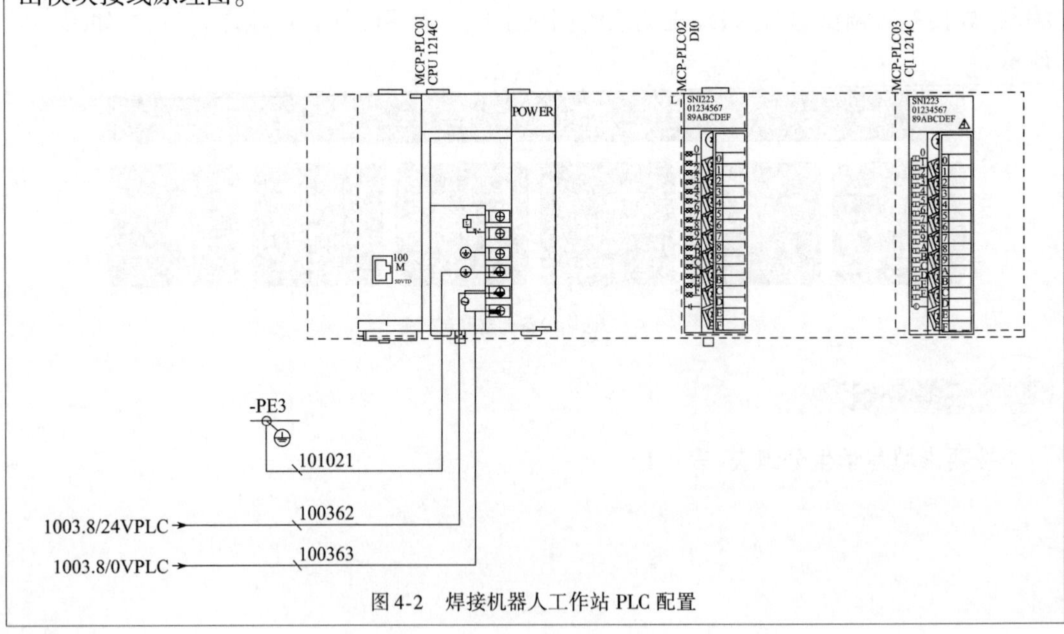

图4-2　焊接机器人工作站PLC配置

学习情境二 工业机器人工作站上电调试	任务4 通用设备上电调试	页码：
姓名：	班级：	日期：

(2)根据电气原理图(图4-2～图4-6),列出PLC的输入输出I/O表。

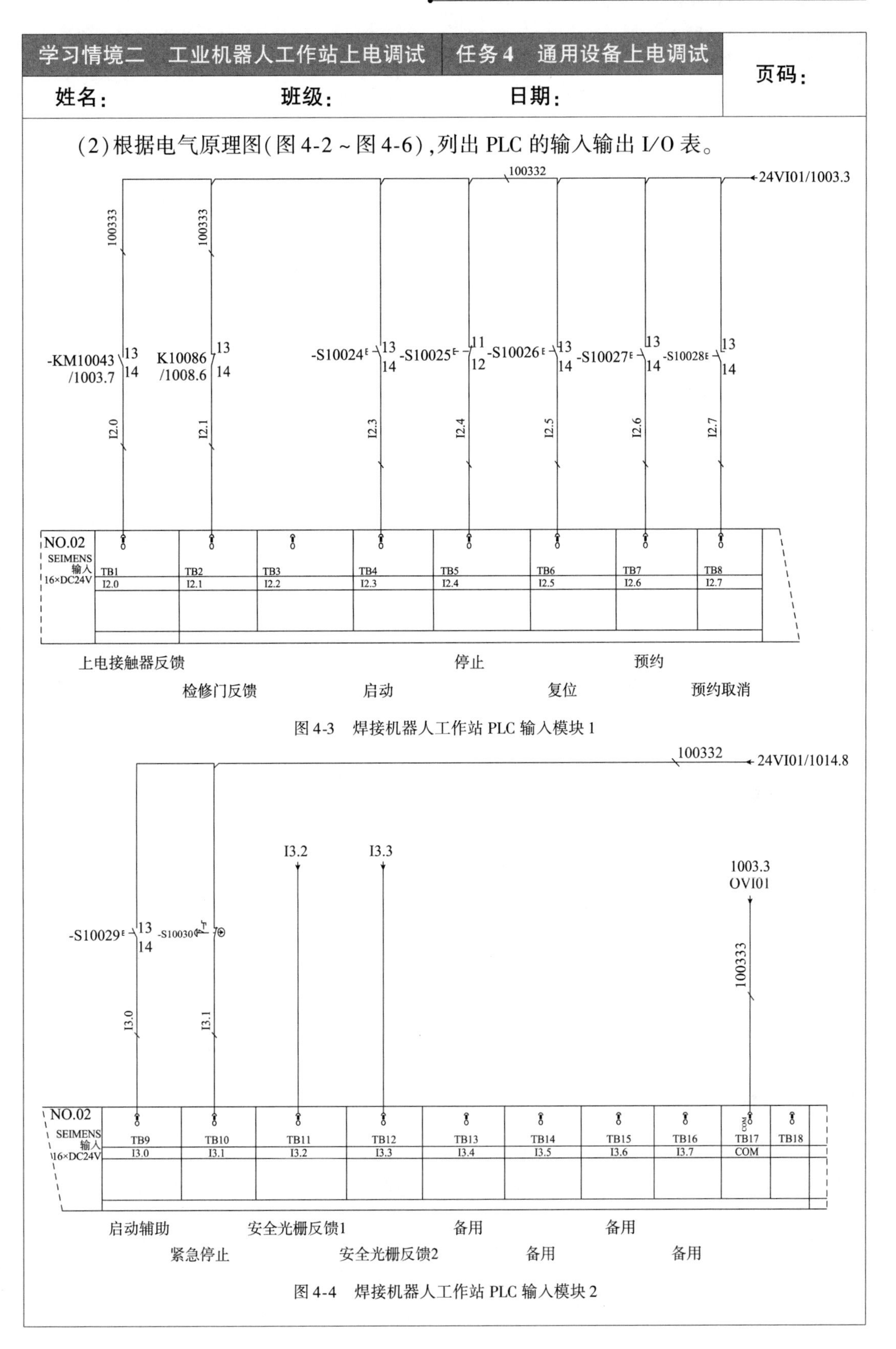

图4-3 焊接机器人工作站PLC输入模块1

图4-4 焊接机器人工作站PLC输入模块2

学习情境二 工业机器人工作站上电调试	任务4 通用设备上电调试	页码：
姓名： 班级：	日期：	

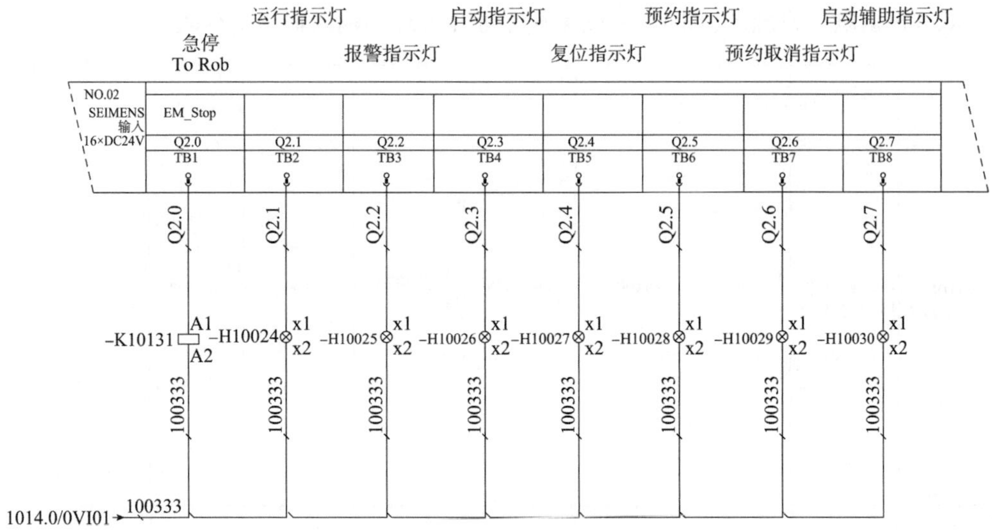

图 4-5 焊接机器人工作站 PLC 输出模块 1

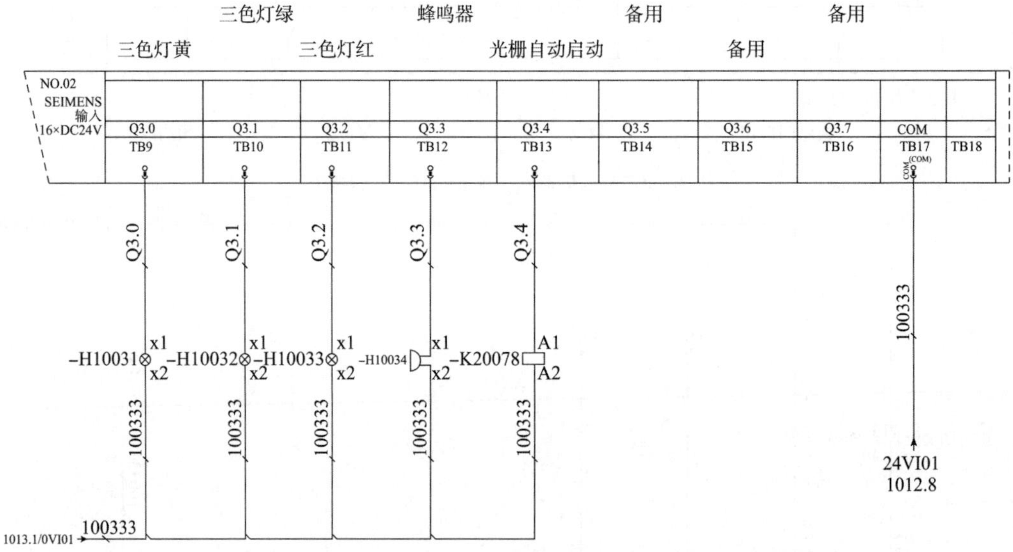

图 4-6 焊接机器人工作站 PLC 输出模块 2

工作实施

1. 电气原理图识读

引导问题 1：图 4-2 ~ 图 4-6 中 PLC 的型号分别是哪一种？I/O 点分别有几个？

学习情境二 工业机器人工作站上电调试	任务4 通用设备上电调试	页码：
姓名： 班级：	日期：	

引导问题2：“停止”按钮连接的是哪个端口？“停止”按钮为常闭还是常开，为什么？

引导问题3：图4-2～图4-6中的系统共有多少个指示灯？你能否对照实物一一找出？

2. 工作站实物分析

引导问题4：图4-2～图4-6中的系统共有多少接线端子排？你能否一一找出？

引导问题5：如何判断I/O线路中某一线路的通断情况？

拓展思考题

(1)一套完整的电气原理图包括哪些类型的图纸？

(2)在进行I/O点检测时，操作步骤是什么？

相关知识点

知识点1：识读电气图的基本步骤

电气图的识读通常有以下几个基本步骤。

1. 阅读设备说明书

阅读设备说明书，可以了解设备的机械结构、电气传动方式、电气控制要求；电动机和电气元件的分布情况及设备的使用操作方法；各种按钮、开关、熔断器等的作用。

2. 阅读图纸说明

拿到图纸后首先要看图纸说明，明确设计的内容和施工要求，就能了解图纸的大体情况，抓住读图的重点。图纸说明通常包括图纸的目录(图4-7)、技术说明(图4-8)、明细表和施工说明等。

学习情境二　工业机器人工作站上电调试	任务4　通用设备上电调试	页码：
姓名：　　班级：	日期：	

目录　　　　栏X：一自动生成的页被手工修改　　F06_001

页	页　描　述	增补页字段	日期	编辑者	X
==焊接机器人=COVER/500	安川焊接机器人封面		2017-2-19		
==焊接机器人=CONTNENTS/501	目录：==焊接机器人=COVER/500-==焊接机器人=MCP/1004		2017-2-19		
==焊接机器人=CONTNENTS/501.a	目录：==焊接机器人=MCP/1006-==焊接机器人=JG/2500		2017-2-19		
==焊接机器人=PROJ_SPECIFICATION/550	项目描述封面		2017-2-19		
==焊接机器人=PROJ_SPECIFICATION/551	设计规范		2017-2-19		
==焊接机器人=PROJ_SPECIFICATION/552	设备平面布置图1		2017-2-19		
==焊接机器人=COMMUNICATION_LAYOUT/570	通信描述封面		2017-2-19		
==焊接机器人=COMMUNICATION_LAYOUT/571	EtherNet/IP网络连接图		2017-2-19		
==焊接机器人=CABLE_OVERV IEW/700	电缆接线示意图封面		2017-2-19		
==焊接机器人=CABLE_OVERV IEW+PDP/701	电源分配示意图		2017-2-19		
==焊接机器人=CABLE_OVERV IEW+MCP/706	电缆布局示意图1		2017-2-19		
==焊接机器人=CABLE_OVERV IEW+MCP/707	电缆布局示意图2		2017-2-19		
==焊接机器人=CABLE_OVERV IEW+MCP/708	电缆布局示意图3		2017-2-19		
==焊接机器人=PANEL_LAYOUT/800	面板安装布局封面		2017-2-19		
==焊接机器人=PANEL_LAYOUT+MCP/801	MCP柜外元件布局图		2017-2-19		
==焊接机器人=PANEL_LAYOUT+MCP/802	MCP柜内元件布局图		2017-2-19		
==焊接机器人=PANEL_LAYOUT+HMI/810	触摸屏操作面板尺寸及开孔		2017-2-19		
==焊接机器人=PANEL_LAYOUT+HMI/812	触摸屏操作面板布局		2017-2-19		
==焊接机器人=PANEL_LAYOUT+HMI/814	触摸屏操作箱内部布局		2017-2-19		
==焊接机器人=PANEL_LAYOUT+RS/815	夹具远程10箱尺寸及开孔		2017-2-19		
==焊接机器人=PANEL_LAYOUT+RS/816	夹具远程电磁阀安装箱尺寸及开孔		2017-2-19		
==焊接机器人=PANEL_LAYOUT+RS/817	OP10夹具10箱内安装布局		2017-2-19		
==焊接机器人=PANEL_LAYOUT+RS/818	OP10夹具箱内安装布局		2017-2-19		
==焊接机器人=PANEL_LAYOUT+RS/819	夹具按钮盒外形尺寸及开孔		2017-2-19		
==焊接机器人=PANEL_LAYOUT+OP/820	夹具按钮盒布局		2017-2-19		
==焊接机器人=PDP/900	PDP柜电源分配封面		2017-2-19		
==焊接机器人=PDP/901	PDP柜电源分配1		2017-2-19		
==焊接机器人=PDP/902	PDP柜电源分配2		2017-2-19		
==焊接机器人=MCP/1000	MCP主控封面		2017-2-19		
==焊接机器人=MCP/1001	MCP开关电源		2017-2-19		
==焊接机器人=MCP/1002	MCP柜内原件供电		2017-2-19		
==焊接机器人=MCP/1003	DC24V电源分配1		2017-2-19		
==焊接机器人=MCP/1004	DC24V电源分配2		2017-2-19		

图 4-7　图纸目录

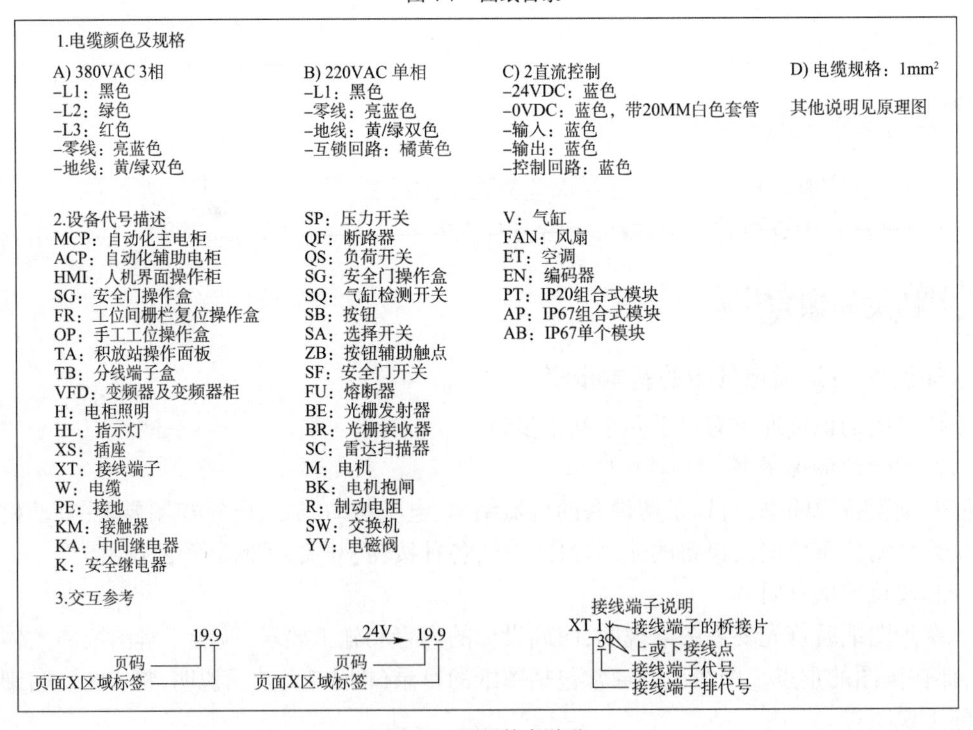
1.电缆颜色及规格

A) 380VAC 3相
–L1：黑色
–L2：绿色
–L3：红色
–零线：亮蓝色
–地线：黄/绿双色

B) 220VAC 单相
–L1：黑色
–零线：亮蓝色
–地线：黄/绿双色
–互锁回路：橘黄色

C) 2直流控制
–24VDC：蓝色
–0VDC：蓝色，带20MM白色套管
–输入：蓝色
–输出：蓝色
–控制回路：蓝色

D) 电缆规格：1mm²
其他说明见原理图

2.设备代号描述
MCP：自动化主电柜
ACP：自动化辅助电柜
HMI：人机界面操作柜
SG：安全门操作盒
FR：工位间栅栏复位操作盒
OP：手工工位操作盒
TA：积放站操作面板
TB：分线端子盒
VFD：变频器及变频器柜
H：电柜照明
HL：指示灯
XS：插座
XT：接线端子
W：电缆
PE：接地
KM：接触器
KA：中间继电器
K：安全继电器
SP：压力开关
QF：断路器
QS：负荷开关
SG：安全门操作盒
SQ：气缸检测开关
SB：按钮
SA：选择开关
ZB：按钮辅助触点
SF：安全门开关
FU：熔断器
BE：光栅发射器
BR：光栅接收器
SC：雷达扫描器
M：电机
BK：电机抱闸
R：制动电阻
SW：交换机
YV：电磁阀
V：气缸
FAN：风扇
ET：空调
EN：编码器
PT：IP20组合式模块
AP：IP67组合式模块
AB：IP67单个模块

3.交互参考

图 4-8　图纸技术说明

学习情境二　工业机器人工作站上电调试	任务4　通用设备上电调试	页码：
姓名：　　班级：	日期：	

3. 阅读主题栏

在认真阅读图纸说明的基础上，接着阅读主标题栏，了解电气图的名称及标题栏中有关内容（图4-9）。凭借有关的电路基础知识，对该电气图的类型、性质、作用等有明确的认识，同时大致了解电气图的内容。

<table>
<tr><td rowspan="4">北京华航唯实机器人科技股份有限公司</td><td>设计</td><td>官维琦</td><td>日期</td><td>2019-9-24</td><td rowspan="2">项目名称</td><td rowspan="2">CHL-KH01</td><td rowspan="2">项目编号</td><td rowspan="2">Y19022</td><td rowspan="2">档案编号</td><td rowspan="2"></td></tr>
<tr><td>校对</td><td>苏醒</td><td>日期</td><td>2019-9-24</td></tr>
<tr><td>审核</td><td></td><td>日期</td><td>2019-9-24</td><td rowspan="2">图纸名称</td><td rowspan="2">供电原理图1</td><td rowspan="2">图号</td><td rowspan="2"></td><td rowspan="2">共6页</td><td rowspan="2">第1页</td></tr>
<tr><td>批准</td><td></td><td>日期</td><td>2019-9-24</td></tr>
</table>

图4-9　图框及图纸名称

4. 识读系统图（或框图）

阅读图纸说明后，就要识读系统图（或框图），从而了解整个系统（或分系统）的情况，即它们的基本组成、相互关系及其主要特征，为进一步理解系统（或分系统）的工作打下基础。

5. 识读电路图

为了进一步理解系统（或分系统）的工作原理，需仔细识读电路图。电路图是电气图的核心，识读难度大。对于复杂的电路图，应先看相关的逻辑图和功能图。

识读电路图时，先要分清主电路和控制电路、交流电路和直流电路，其次按照先识读主电路再识读控制电路的顺序识读电路图。识读主电路时，通常从下往上看，即从用电设备开始，经控制元件，顺次往电源方向看。通过识读主电路，要明确用电设备是怎样从电源取电的、电源经过哪些元件到达负载等。识读控制电路时，应自上而下、从左向右识读，即先识读电源，再识读各条回路。通过识读控制电路，要明确它的回路构成、各元件间的联系（如顺序、互锁等）、控制关系和在什么条件下回路构成通路或断路，分析各回路元件的工作状况及其对主电路的控制情况，从而明确整个系统的工作原理（图4-10）。

6. 识读接线图

接线图是以电路图为依据绘制的，因此，要对照电路图来识读接线图。识读接线图时，也要先识读主电路再识读控制电路。识读接线图要根据端子标志、回路标号，从电源端顺次查下去，明确线路的走向和电路的连接方法，即明确每个元件是如何通过连线构成闭合回路的。识读主电路时，从电源输入端开始，顺次经控制元件和线路到用电设备，这与识读电路图有所不同。识读控制电路时，要从电源的一端到电源的另一端，按元件的顺序对每个回路进行分析。接线图中的线号是电气元件间导线连接的标记，线号相同的导线原则上都可以接在一起。由于接线图多采用单线表示，因此，对导线的走向应加以辨别，还要明确端子板内外电路的连接情况。

学习情境二　工业机器人工作站上电调试	任务4　通用设备上电调试	页码：
姓名：　　　　　　班级：	日期：	

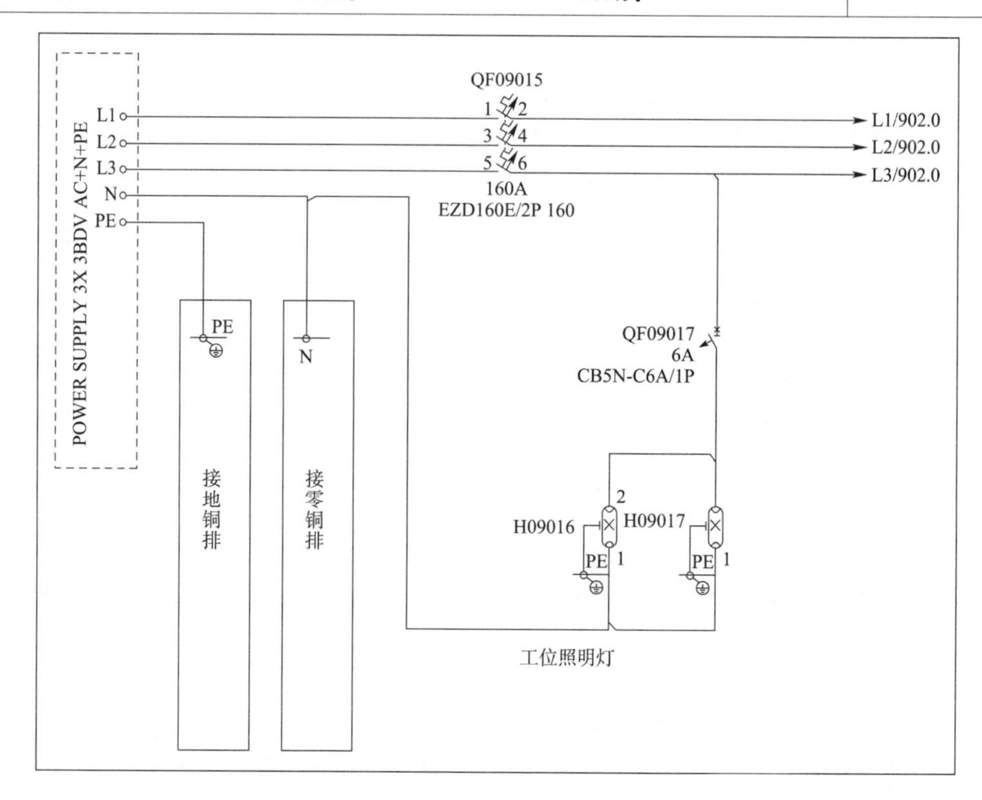

图4-10　电源分配图

知识点2：工作站上电总体调试步骤

1. 上电前的检查

通常做设计的人不进行电路连接，因此，总会存在或多或少的问题，故上电前的检查工作变得非常重要。上电前的检查通常分为：①短路检查；②断路检查；③对地绝缘检查。

推荐方法：用万能表一根一根地检查，这样花费的时间最长，但是检查效果是最好的。

2. 上电前的电源电压检查

为了减少不必要的损失，一定要在通电前进行输入电源的电压检查确认，确认其是否与原理图所要求的电压一致。对于有PLC、变频器等价格昂贵的电气元件的电路，一定要认真地执行这一步骤，避免电源的输入输出反接，对元件造成损害。

推荐方法：打开电源总开关之前，先进行一次电压的测量，并记录。

3. 检查PLC的输入输出

检查PLC的输入输出是否正常。

4. 下载程序

下载的程序包括PLC程序、触摸屏程序、显示文本程序等。将写好的程序下载到相应的系统内，并检查系统报警情况。调试工作通常不会很顺利，总会出现一些系统报警，一

学习情境二 工业机器人工作站上电调试	任务4 通用设备上电调试	页码:
姓名: 班级:	日期:	

般是因为内部参数没设定或是外部条件构成了系统报警的条件。这就要根据调试者的经验进行判断,其中首先要对配线再次检查确保正确。如果还不能解决系统报警问题,就要对 PLC 等的内部程序进行详细的逐步分析,确保正确。

5. 参数的设定

需要设定的参数包括显示文本、触摸屏、变频器、二次仪表等的参数,并记录下来。

6. 设备功能的调试

排除上电报警后就要对设备功能进行调试了。首先要了解设备的工艺流程,然后进行手动空载调试,确认手动工作动作无误后再进行自动的空载调试。

空载调试完毕后,进行带载的调试,并记录调试电流、电压等的工作参数。

调试过程中,不仅要调试各部分的功能,还要对设置的报警进行模拟,确保故障条件满足时能够实现真正的报警。

需要对设备进行加温恒温的试验时,要记录加温恒温曲线,确保设备功能完好。

7. 系统的联机调试

完成单台设备的调试后再进行前机与后机的联机调试。

8. 连续长时间运行

通过连续长时间运行来检测设备工作的稳定性。

9. 调试完毕

设备调试完毕后,要进行报检,并对调试过程中的各种记录备档。

知识点 3:PLC 与外部设备的数据交互

工作站中存在多种外部设备,其中传感器用于检测与反馈物料信息,控制面板上的按钮(启动、暂停、停止、复位)用来保证机器人安全运行,人机交互界面(触摸屏、PC)用于控制和监测工作站,机器人用于搬运与码垛和焊接物料,这些设备的动作执行需要 PLC 的控制。

1. 传感器与 PLC 的数据交互

传感器用于检测与反馈物料的形状、颜色、位置等信息,也是工作站中识别物料合格与否的重要依据,这些都需要通过 PLC 进行协调控制与监控。

1)色标传感器

图 4-11 为国产施多德公司 KS-C2 型色标传感器的硬件连线图。

其接线方式和大多数传感器的接线方式都差不多,红线接直流 24V 电源正极,蓝线接电源负极,黑线为输出信号线(常开型),白线也为输出信号线(常闭型)。

工作站设置:在识别时,动作指示灯是浅色亮、深色灭,故使用白色线与 PLC 的 I1.1 触点相连,当浅色物体通过色标传感器时,白线接通,黑线接通,传感器输出信号。识别黑色物体时,在程序中对白色线信号求反即可实现。

2)工业相机

工作站中使用的物料形状有圆形、正方形和长方形 3 种,需要通过工业相机识别。工作站选用的工业相机为日本 OMRON 系列，它由数码 CCD 相机（型号：FZ-S）和 CCD 控制器（FZ5-L355）两部分构成。CCD 控制器与外部装置（PLC 等）用通信电缆相连，如图 4-12 所示，并通过各种通信协议进行通信，各通信协议的详情见表 4-2。

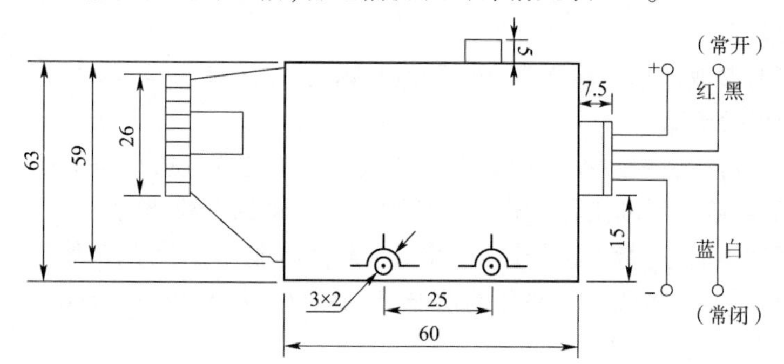

图 4-11　KS-C2 型色标传感器硬件连线图（尺寸单位：mm）

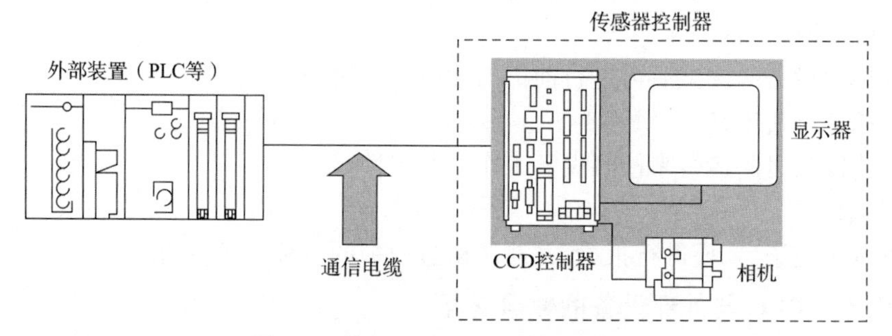

图 4-12　数码相机和 CCD 控制器的连接

CCD 控制器与外部装置的连接和通信方法　表 4-2

通信协议	通信电缆
并行	并行 I/O 电缆
PLC 通信	以太网电缆
	RS-232C 电缆
EnterNet/IP	以太网电缆
EnterCAT（仅限 FH）	以太网电缆
无协议	以太网电缆
	RS-232C 电缆

在工业视觉系统中，工业相机的作用是传送物体信息，而控制器的作用是处理物体信息，并且与外部的 PLC 进行通信，其通信方式如图 4-13 所示。

工作站中使用了传感器控制器的输入测量触发引脚（STEP0）和 3 个数据输出引脚（DO0、DO2 和 DO4），其中 STEP0 引脚用来开启视觉检测，与 PLC 的 Q0.5 连接，DO0、DO2、DO4 这 3 个引脚用来检测料块的形状，分别与 PLC 的 I2.5、I2.6 和 I2.7 连接，且 DO0、DO2、DO4 的参数可以进行修改。

学习情境二 工业机器人工作站上电调试	任务4 通用设备上电调试	页码：
姓名： 班级：	日期：	

图4-13 工业视觉系统与PLC的通信方式

2. 按钮与PLC的数据交互

为了保证工作站的安全，设置了启动、停止、急停和复位按钮，其中启动和停止按钮应用在自动运行过程中，启动按钮实现自动运行的开启，停止按钮实现自动运行的正常停止。急停按钮和复位按钮对手动程序和自动程序都会起作用。急停按钮的作用是使工作台在运行过程中遇到报警或者紧急情况时，立即停止。当按下急停按钮时，自动、手动以及其他功能都不会起作用，直到按下复位按钮将其解除。工作站中PLC的I 0.0、I 0.1、I 0.2和I 0.3触点与4个按钮的连接情况如图4-14所示。

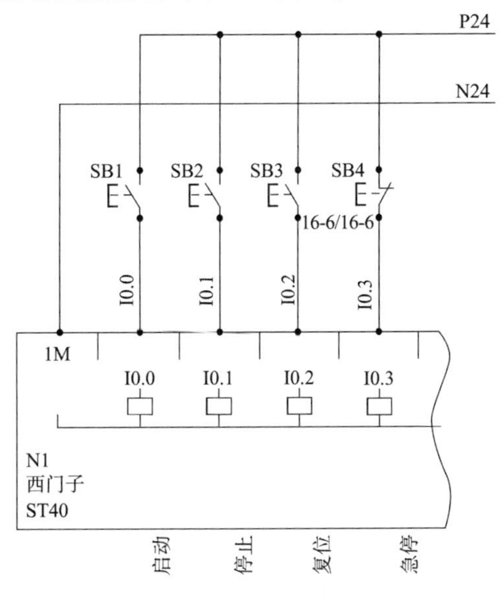

图4-14 安全功能按钮与PLC的连接

知识点4：PLC输入输出回路调试

（1）模拟量输入（Analog Input，AI）回路调试。要仔细核对模块的地址分配是否正确；检查回路供电方式（内供电或外供电）是否与现场仪表一致；手动操作模拟量输入端设备，在博图软件中将PLC转至在线，观察PLC模拟量输入。对有报警、联锁值的AI回路，还要对报警联锁值（如高报、低报和联锁点以及精度）进行检查，确认有关报警、联锁状态的正确性。

学习情境二　工业机器人工作站上电调试	任务4　通用设备上电调试	页码：
姓名： 班级：	日期：	

(2)模拟量输出(Analog Output,AO)回路调试。可根据回路控制的要求,用手动输出(即直接在控制系统中设定)的办法检查执行机构(如阀门开度等),通常取0、50%或100%三点进行检查;同时通过闭环控制,检查输出是否满足有关要求。对有报警、联锁值的AO回路,还要对报警联锁值(如高报、低报和联锁点以及精度)进行检查,确认有关报警、联锁状态的正确性。

(3)开关量输入(Data Input,DI)回路调试。在相应的现场端短接或断开,检查开关量输入模块对应通道地址的发光二极管的变化情况,同时检查通道的通、断变化情况。

(4)开关量输出(Data Output,DO)回路调试。可通过PLC系统提供的强制功能对输出点进行检查。通过强制,检查开关量输出模块对应通道地址的发光二极管的变化情况,同时检查通道的通、断变化情况。

知识点5:回路调试注意事项

调试人员在调试时发现的问题,都应及时联系有关设计人员,在设计人员同意后方可进行修改,修改需做详细的记录。同时,对调试修改部分做好文档的整理和归档。

(1)对开关量输入输出回路,要注意保持状态的一致性原则,通常采用正逻辑原则,即当输入输出带电时,为“ON”状态,数据值为“1”;反之,当输入输出失电时,为“OFF”状态,数据值为“0”。这样便于理解和维护。

(2)对负载大的开关量输入输出模块,应通过继电器与现场隔离,即现场接点尽量不要直接与输入输出模块连接。

(3)使用PLC提供的强制功能时,要注意在测试完毕后,应还原状态;在同一时间内,不应对过多的点进行强制操作,以免损坏模块。

知识点6:工业机器人I/O信号与连接

1. I/O信号分类

1)DI/DO与AI/AO信号

工业机器人作业时,不仅需要通过移动指令控制机器人TCP(工具中心点)的移动,而且还需要控制作业工具、工装夹具等辅助部件的动作。例如,点焊机器人一般需要有焊钳开/合、电极加压、焊接电源通断等动作,并需要对焊接电流、焊接电压进行调节;弧焊机器人则需要有引弧、熄弧、送丝、通气等动作,同样也需要进行焊接电流、焊接电压的调节等。用来控制机器人辅助部件动作的指令,称为输入/输出指令。

根据控制信号的性质不同,机器人控制系统的辅助部件控制信号,可分为开关量输入/输出信号(DI/DO)、模拟量输入/输出信号(AI/AO)两大类。

(1)DI/DO信号。开关量控制信号用于电磁元件的通断控制,其状态可用逻辑状态数据bool或二进制数字量进行描述。开关量控制信号分为两类:一类是用来检测电磁器件通断状态的信号,此类信号对于控制器来说属于输入,故称为开关量输入或数字输入(Data Input)信号,简称DI信号;另一类是用来控制电磁器件通断的信号,此类信号对于控制器来说属于输出,故称为开关量输出或数字输出(Data Output)信号,简称DO信号。

学习情境二　工业机器人工作站上电调试	任务4　通用设备上电调试	页码：
姓名：　　　　班级：	日期：	

DI/DO 信号可通过逻辑运算指令进行控制，在作业程序中，这一控制可利用逻辑运算函数命令实现。

（2）AI/AO 信号。模拟量信号用于连续变化参数的检测与调节，状态以连续变化的数值描述。模拟量控制信号同样可分为两类：一类是用来检测实际参数值的信号，此类信号对于控制器来说属于输入，故称为模拟量输入（Analog Input）信号，简称 AI 信号；另一类是用来改变参数值的信号，此类信号对于控制器来说属于输出，故称为模拟量输出（Analog Output）信号，简称 AO 信号。AI/AO 信号一般需要通过算术运算指令进行控制，在作业程序中，这一控制可利用算术运算函数命令实现。

2）系统 I/O 与通用 I/O 信号

根据信号的用途不同，工业机器人控制系统的辅助控制信号一般可分为系统 I/O 信号和通用 I/O 信号两大类，前者简称为 SI/SO 信号，后者常称为通用 I/O 信号。

（1）SI/SO 信号。SI/SO 信号是系统输入（System Input）/系统输出（System Output）信号的简称，其功能、用途、连接端等均由控制系统生产厂家统一规定，机器人生产或使用厂家不得更改。

SI 信号多用于系统的运行控制，通常为开关量输入信号，如伺服驱动系统启动/急停信号、示教/再现操作模式选择信号、程序自动运行/暂停信号等。SI 信号通常与控制系统操作面板的按钮、开关直接连接，用户不可用于其他信号的连接。SO 信号通常与控制系统操作面板的指示灯直接连接，用户不可用于其他信号的连接。

（2）通用 I/O 信号。通用 I/O 信号通常有开关量输入/输出（通用 DI/DO）和模拟量输入/输出（通用 AI/AO）两大类，其功能、用途、连接端等均可由机器人生产或使用厂家自由定义。

通用 DI/DO 信号可用来连接机器人、作业工具的控制按钮、检测开关，以及指示灯、接触器、电磁阀等控制器件，它们需要通过控制系统的 DI/DO 单元（或模块）连接，其数量、信号规格均与 I/O 单元（或模块）的选配有关。

通用 AI/AO 信号可用来连接机器人、作业工具的电流、电压、压力、流量等检测传感器，以及电流、电压、压力、流量调节控制装置，它们需要通过控制系统的 AI/AO 单元（或模块）连接，其数量、信号规格同样与 I/O 单元（或模块）的选配有关。

2. I/O 信号连接与处理

1）I/O 信号连接

一般而言，国外工业机器人所配套的控制系统，多为工业机器人生产厂家自行研制。例如，ABB 机器人配套的控制系统为 ABB S4 或 IRC5，安川机器人配套的控制系统为安川 DX100 或 DX200，FANUC 机器人配套的控制系统为 FANUC R-J3i 或 R-30i 等。

ABB 工业机器人配套的控制系统主要有 S4 和 IRC5 两大系列。S4 系列（包括改进型）为 ABB 早期产品，如 1994—1996 年生产的机器人多配套 S4 控制系统，1997—2000 年生产的机器人多配套 S4C 控制系统，2001—2005 年生产的机器人多配套 S4Cplus 控制系

学习情境二　工业机器人工作站上电调试	任务4　通用设备上电调试	页码：
姓名：　　　　班级：	日期：	

统等。IRC5 系列(包括改进型)为 ABB 目前常用的产品,2006 年以后生产的机器人大多配套 IRC5 系列系统。

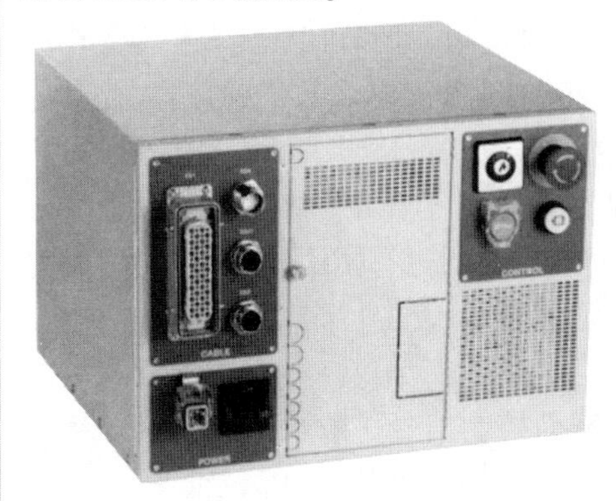

图 4-15　ABB IRC5 控制系统外观结构

ABB IRC5 控制系统外观结构如图 4-15 所示。

工业机器人控制系统所使用的通用 I/O 单元(或模块)的用途、功能及电路结构,均与 PLC 的分布式 I/O 单元相似;单元(或模块)的型号、规格、数量,均可根据机器人的实际控制需要选配。

在 ABB 控制系统 IRC5 中,标准 I/O 单元通过 Device Net 总线和机器人控制器连接;如需要,也可使用 Interbus-S、Profibus-DP 等总线连接的开放式网络从站(Slave Station)。IRC5 控制系统最大可连接 512/512 点 DI/DO,但是,由于工业机器人的辅助控制要求通常较简单,因此,单机控制系统所使用的实际 I/O 点一般较少。

2)DI/DO 信号组的处理

工业机器人的辅助控制信号以 DI/DO(开关量输入/输出)信号居多。在控制系统内部,每一点 DI/DO 信号的状态,均可用 1 位(bit)二进制数据("0"或"1")来表示。

在作业程序中,用来表示 1 点 DI/DO 信号状态的二进制数据,称为 signaldi/signaldo 数据。Signaldi/signaldo 数据可直接作为逻辑状态(bool)数据使用,在程序中进行逻辑运算与处理。

一般而言,控制系统用来存储 DI/DO 信号状态的存储器地址均为连续分配,即每一字节存储器用来存储 8 点 DI/DO 信号状态。因此,在作业程序中,也可用字节数据 byte 或数值数据 num、双精度数值数据 dnum 来表示多点 DI/DO 信号的状态;并通过 RAPID 多位逻辑处理函数命令,如 GOutput、GInput Dnum、Bit And、Bit And Dnum 等,对 DI/DO 信号进行成组处理。成组处理的 16 点 DI/DO 信号,称为 DI/DO 信号组,简称 GI/GO(Group Input/Group Output)。

控制系统的数据存储器的地址,一般以字节(byte)、字(word)或双字(Dword)为单位分配,由于 num 数据具有 23 位数据、8 位指数、1 位符号,故可一次性处理 1、2 字节(即 8、16 点)的 DI/DO 信号组;而 dnum 数据则具有 52 位数据、11 位指数、1 位符号,故可一次性处理 1 ~4 字节(8 ~32 点)的 DI/DO 信号组。例如:

```
IF gi2 =5 THEN                // 检测 16 点 DI 输入组 gi2 状态 0…0101
Reset do10;                   // DO 信号 do10 复位(置"0")
Set do11;                     // DO 信号 do11 置位(置"1")
……
IF GInputDnum(gi2) =25 THEN   // 检测 32 点 DI 输入组 gi2 状态 0…01 1001
```

学习情境二 工业机器人工作站上电调试	任务4 通用设备上电调试	页码:
姓名: 班级:	日期:	

SetGO go2, 12;　　　　　　　　// 16 点 DO 输出组 go2 状态设定为 12(0…0 1100)

……

知识点 7:ABB 机器人 I/O 状态检查与设定

机器人控制系统用于作业工具等辅助部件控制的 DI/DO 信号、AI/AO 信号、GI/GO 信号,以及控制系统内部的操作面板、示教器连接信号的状态,均可通过示教器进行检查;输出信号 DO、AO、GO 还可通过仿真操作,设定输出状态。

ABB 机器人的 I/O 状态检查与设定方法如下。

1. I/O 状态检查与仿真

机器人控制系统连接的输入/输出信号状态,可通过示教器的输入/输出页面检查与设定,其方法如下。

(1)在 ABB 主菜单中选择【Inputs and Outputs】,使示教器显示图 4-16 所示的 I/O 信号显示页面。

(2)点击 I/O 信号显示页面的【视图】键,可打开 I/O 信号类型选择操作菜单。

(3)在 I/O 信号类型选择操作菜单上点击选定 I/O 信号类型后,示教器可显示图 4-17 所示的指定类型的 I/O 信号状态表,并显示 I/O 信号名称(名称)、状态(值)、信号类型(类型)、仿真值(仿真),以及用于信号筛选的“过滤器”图标、输出信号仿真的操作键(【虚拟】)。

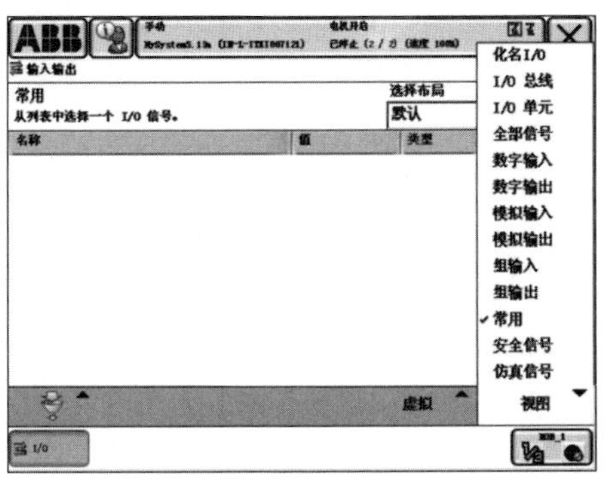

图 4-16 I/O 信号显示页面

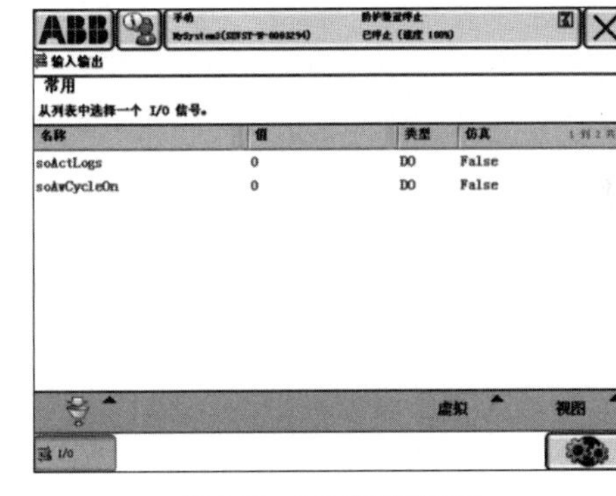

图 4-17 I/O 信号状态表

(4)如果需要进行输出信号的仿真操作,可点击 I/O 信号状态表中的信号名称、选定输出信号后,按【虚拟】键,选择仿真操作后,修改仿真值。对于 DO 信号(开关量输出),可直接用“0(FALSE)”或“1(TRUE)”设定仿真值;对于 AO(模拟量输出)及 GO(开关量输出组),可点击数值输入键【1】【2】【3】……,利用文本输入软键盘,输入仿真值。仿真值设定后,点击【确定】键,系统便可输出仿真值;点击【取消虚拟】键,可撤销仿真输出,恢复信号正常状态。

2. I/O 信号显示配置

复杂机器人控制系统的 I/O 信号数量较多,为了便于操作和检查,如果需要,操作者可通过如下 I/O 信号显示配置操作,对信号的显示方式进行重新设定。

学习情境二　工业机器人工作站上电调试	任务4　通用设备上电调试	页码：
姓名：　　　　　　　　班级：	日期：	

(1)在 ABB 主菜单中选择【Control Panel】,使示教器显示控制面板设定页面。

(2)点击【I/O】键,可打开 I/O 信号配置页面,示教器将显示控制系统的 I/O 信号显示配置页面,并显示所有的 I/O 信号及配置选择框。

(3)在 I/O 信号显示配置页面上选择【名称】,示教器将以信号名称为序,依次显示系统 I/O 信号;选择【类型】,示教器将按信号的类型,分类显示系统 I/O 信号;选择【全部】,示教器可显示控制系统所有的 I/O 信号;选择【无】,可重新调整信号的显示位置。

(4)点击选中需要进行显示配置的信号后,可点击上移、下移箭头,重新排列信号的显示顺序。

(5)信号显示次序调整后,点击【预览】键,可检查信号显示配置效果;点击【应用】键,可保存显示配置设定;点击【编辑】键,可返回 I/O 显示配置页面。

(6)在全部信号的显示配置设定完成后,点击【应用】键,保存显示配置设定。

任务4.2　安全程序调试

弧焊机器人工作站的程序同样需要安全程序,此外还需要手动/自动的控制程序,以及控制机器人焊接的焊接程序。

图4-18　安全型 PLC

安全程序主要包括启动、停止、急停和复位。启动和停止程序应用在自动运行过程中,启动程序实现自动运行的开启,停止则实现自动运行的正常停止。同时,安全程序需要安全型 PLC(图4-18)。

分析图4-19～图4-22的几段安全程序,理解急停程序、报警程序、复位程序的编程思路,并利用博图软件进行编程,下载调试。

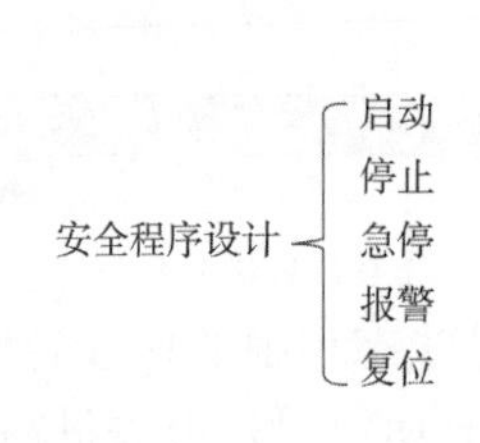

图4-19　安全程序组成

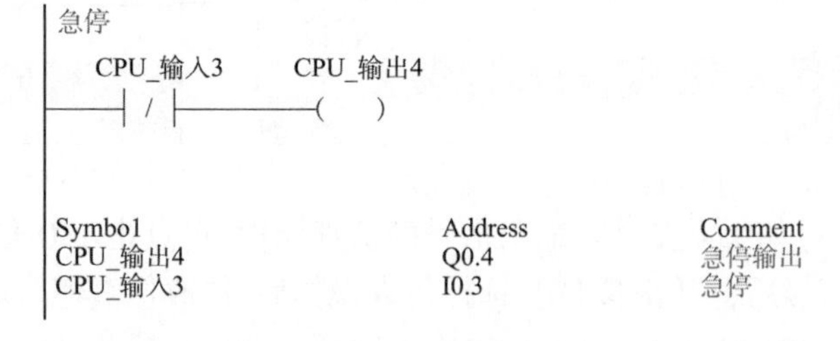

图4-20　急停安全程序

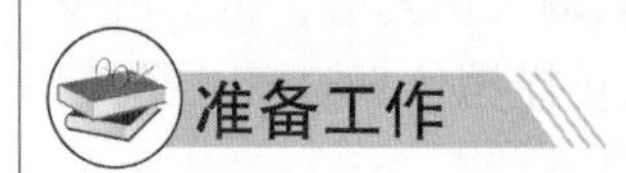

准备工作

(1)阅读电气原理图(图4-23),查看急停按钮、报警按钮、复位按钮的输入端。

(2)对照工作站实物,找到急停、报警、复位按钮位置。

(3)能够利用博图软件进行组态设计。

学习情境二　工业机器人工作站上电调试	任务4　通用设备上电调试	页码：
姓名：	班级：	日期：

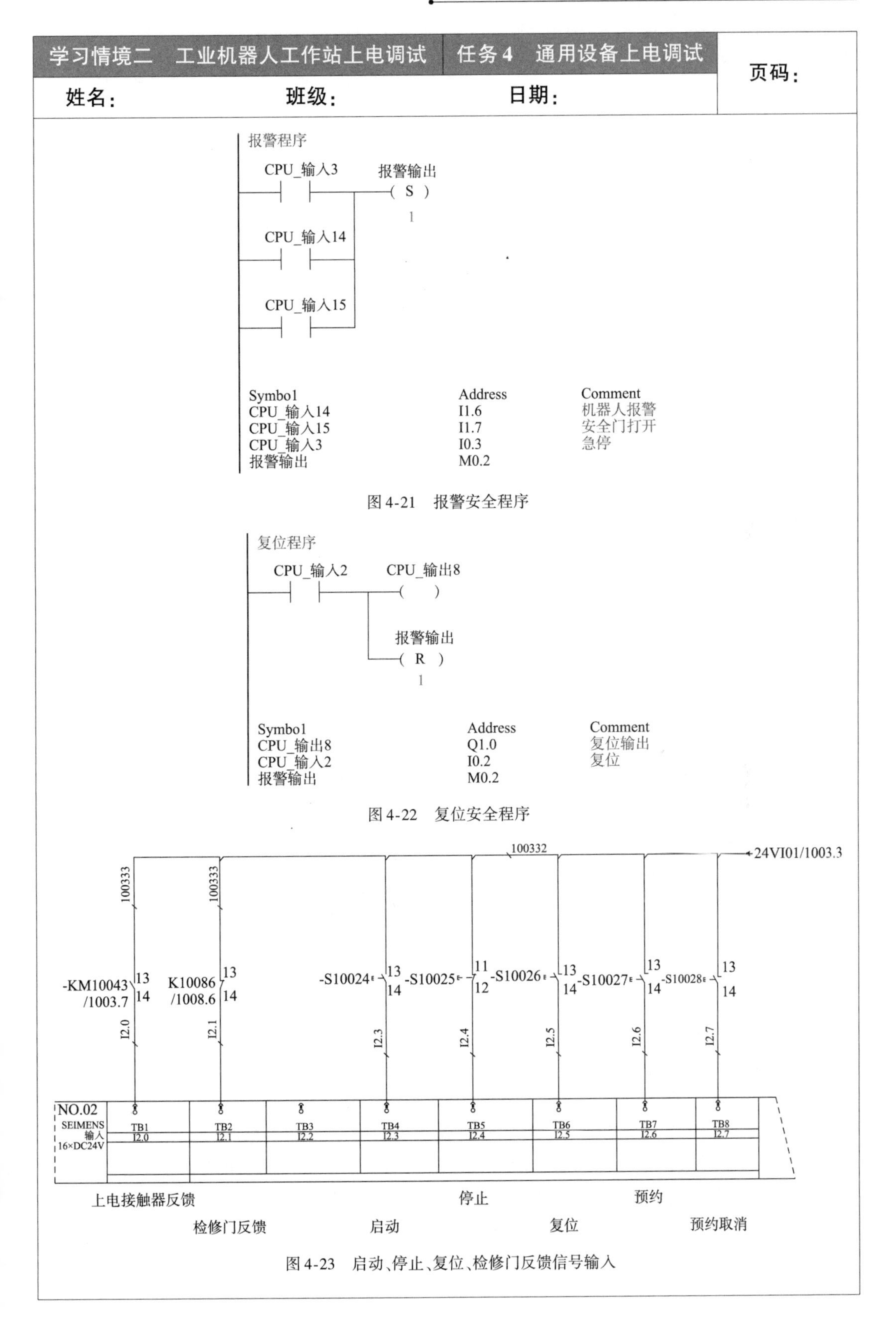

图4-21　报警安全程序

图4-22　复位安全程序

图4-23　启动、停止、复位、检修门反馈信号输入

学习情境二　工业机器人工作站上电调试	任务4　通用设备上电调试	页码：
姓名： 班级： 日期：		

工作实施

引导问题1：“急停”按钮连接的是哪个端口？“急停”按钮为常闭还是常开，为什么？

引导问题2：为什么说急停、报警、复位程序是安全程序？

引导问题3：哪三种情况需要报警？

引导问题4：为什么急停按钮需要双通道输入？

拓展思考题

(1)除了上述所提及的安全程序，还有哪些安全程序？

(2)安全程序调试过程中，如何对安全型PLC进行去钝处理？

相关知识点

知识点1：急停按钮接常开还是常闭？

在使用急停的场合要尽量使用常闭触点，原因如下。

1. 动作时间方面

常闭触点由闭合到断开的时间要比常开触点由自然状态到闭合的时间短得多。再短的时间，哪怕毫秒级甚至是微秒级的时间都是非常重要的。要知道，事故就是在很短的时间内发生的。在很短的时间内，使用常开触点可能没把机器停住或断开开关，造成了重大机器损坏或人身伤亡事故，但使用常闭触点就有可能把机器停止或让人触电时间短一些，避免事故的发生。

学习情境二　工业机器人工作站上电调试	任务4　通用设备上电调试	页码：
姓名：　　　　班级：	日期：	

2. 按钮机构方面

我们知道，急停按钮无论是常闭还是常开触点，在不按到位（按到底）的情况下，会重新弹起来，从而使动作失效。使用常开触点时，在急停按钮未按到位时，急停是未起到任何作用的（因常开触点未闭合）；而使用常闭触点时就不一样了，无论急停按钮是否按到位，只要触点动作了，急停就起作用了。

3. 控制线路方面

急停按钮最基本的作用就是在紧急情况下紧急停车，避免机械事故或人身事故。但是，由于机器的长时间运行，线路尤其是急停线路部分，有可能造成故障断路。这时，如果急停按钮使用常开触点，急停部分的线路故障就会难以发现，此时再用急停按钮就已经晚了。而用常闭触点后，当急停部分的线路发生故障时，最多会造成机器的停车，损失会相对小些。

基于以上几点原因，在设计电气控制系统时，急停按钮最好还采用常闭触点。

知识点2：如何进行程序下载？

PLC程序下载界面如图4-24所示。下载的时候要注意：①电脑的IP地址要和PLC的IP地址在同一个地址段内，否则有可能下载失败，当然软件可以自动分配你的IP地址；②PG/PC接口要选择正确，确定好连接你PLC的网卡名称。

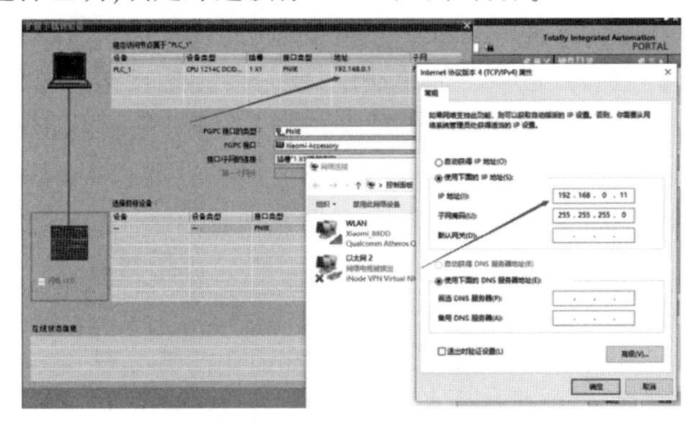

图4-24　PLC程序下载界面

知识点3：故障安全型PLC与普通PLC有哪些区别？

1. 硬件模板设计

比如，在输入、输出模板上，都是双通道的设计，可以对采集的信号进行比较和校验。另外，在模板上也增加了更多的诊断功能，能够对短路或者断线等外部故障进行诊断。还有，安全的CPU（Central Processing Unit，中央处理器）通过一定的校验机制，可以保证信号在PLC内的传输和处理都是准确的，而普通的CPU则不能处理安全的信号。

2. 使用场合

故障安全型的PLC是经过安全认证的，能够被用于安全系统，也能被用于普通系统；但普通的PLC不能被用于安全系统。

学习情境二 工业机器人工作站上电调试	任务4 通用设备上电调试	页码:
姓名: 班级:	日期:	

3. 安全认证

安全程序中的标准安全功能的功能块也是经过安全认证的,普通程序的功能块是没有经过安全认证的。

4. 通信协议

故障安全型的PLC之间的通信是通过PROFIsafe协议[2005年9月由PNO发布的最新版PROFIsafe安全行规(V2.0)描述了安全外围设备和安全控制器间的通信。它是对标准Profibus DP和Profinet IO的补充技术,用于减少安全控制器和安全设备间数据传输的失效率和错误率,以达到或超过相关标准要求的等级]来保证数据安全的。而普通的PLC之间的数据交换是通过PROFIBUS或Profinet协议来保证数据安全的。PROFIsafe协议是加载在PROFIBUS或Profinet协议层之上的,在数据中增加了更多的校验机制,因此,可靠性更高。

5. 模板使用

故障安全型PLC系统中可以将安全模板与标准模板混用,也可以使用标准的PROFIBUS或Profinet网络进行安全数据的传输。

知识点4:如何理解西门子安全模块的钝化与去钝?

使用西门子故障安全型CPU的过程中,很多时候会涉及"钝化"与"去钝"。

钝化描述的是一种状态,整个故障安全信号模块或模块的单个通道发生钝化时,会自动使用故障安全值(0)代替过程值。简单地说,就是在钝化状态下输出模块没有输出,即使安全程序中输出地址还在置位;输入模板没有输入(输入模板提供替代值"0"给安全程序),即使实际信号状态为接通(1)状态。

以急停信号为例,如图4-25所示,急停按钮为双通道输入,在没有钝化的情况下,急停按钮没有被按下,急停信号状态是1。钝化情况下,急停按钮没有被按下,急停信号状态是0,此时线体报急停。

以安全供电信号为例,如图4-26所示,在没有钝化的情况下,输出信号为1则输出模块输出24V;钝化情况下,输出信号为1,输出模块无24V输出。

去钝是指消除钝化状态。

如下情况会发生钝化:在故障安全系统的CPU启动阶段一直到CPU进入"运行"模式;故障安全CPU和故障安全信号模块之间出现PROFIsafe通信错误;当故障安全信号模块或通道出现故障时(例如:断线,交叉接线等);设置故障安全信号模块DB内的参数PASS_ON=1。

那么,如何判断模块是否发生了钝化呢?

在编译硬件组态时,安全系统会为每个F-IO模块自动创建一个F-IO DB。可以在程序中评估其中的变量PASS_OUT和QBAD。如果F-I/O发生钝化,则变量PASS_OUT=1和QBAD=1。图4-27所示是在STEP7和TIA Portal软件中ET200S 4/8 F-DI模块发生故障进入钝化状态时的F-IO DB变量PASS_OUT和QBAD状态。

学习情境二　工业机器人工作站上电调试	任务 4　通用设备上电调试	页码：
姓名：　　班级：	日期：	

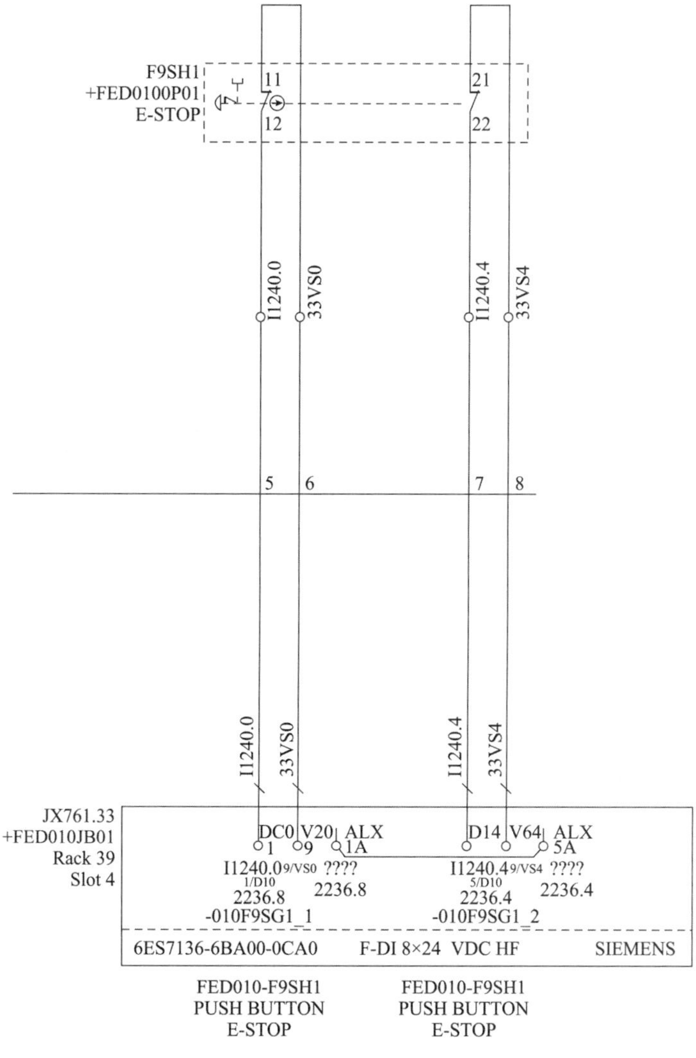

F9SH1
+FED0100P01
E-STOP
11
12
21
22
I1240.0
33VS0
I1240.4
33VS4
5
6
7
8
I1240.0
33VS0
I1240.4
33VS4
JX761.33
+FED010JB01
Rack 39
Slot 4
DC0 V20 ALX
1 9 1A
I1240.0 9/VS0 ????
1/D10
2236.8 2236.8
-010F9SG1_1
D14 V64 ALX
5A
I1240.4 9/VS4 ????
5/D10
2236.4 2236.4
-010F9SG1_2
6ES7136-6BA00-0CA0　F-DI 8×24 VDC HF　SIEMENS
FED010-F9SH1
PUSH BUTTON
E-STOP
FED010-F9SH1
PUSH BUTTON
E-STOP

图 4-25　急停按钮双通道输入

当导致故障安全信号模块钝化的错误消失后，需要用户对模块状态进行确认，这个确认的操作就称作去钝（重新集成）。去钝完成后，模块由提供故障安全值（0）切换到过程值，输出状态重新由过程映像区地址控制，输入的过程映像区地址提供实际的信号状态。

当导致安全模块钝化的故障修复后，对应 F-IO DB 中的请求应答信号 ACK_REQ 变为 1，表示故障已经解除，请求去钝（图 4-28）。

去钝时，只需使用脉冲方式将 F-IO DB 中的变量 ACK_REI 置位，给出应答信号，就可以完成去钝（图 4-29）。

学习情境二 工业机器人工作站上电调试	任务4 通用设备上电调试	页码：
姓名： 班级：	日期：	

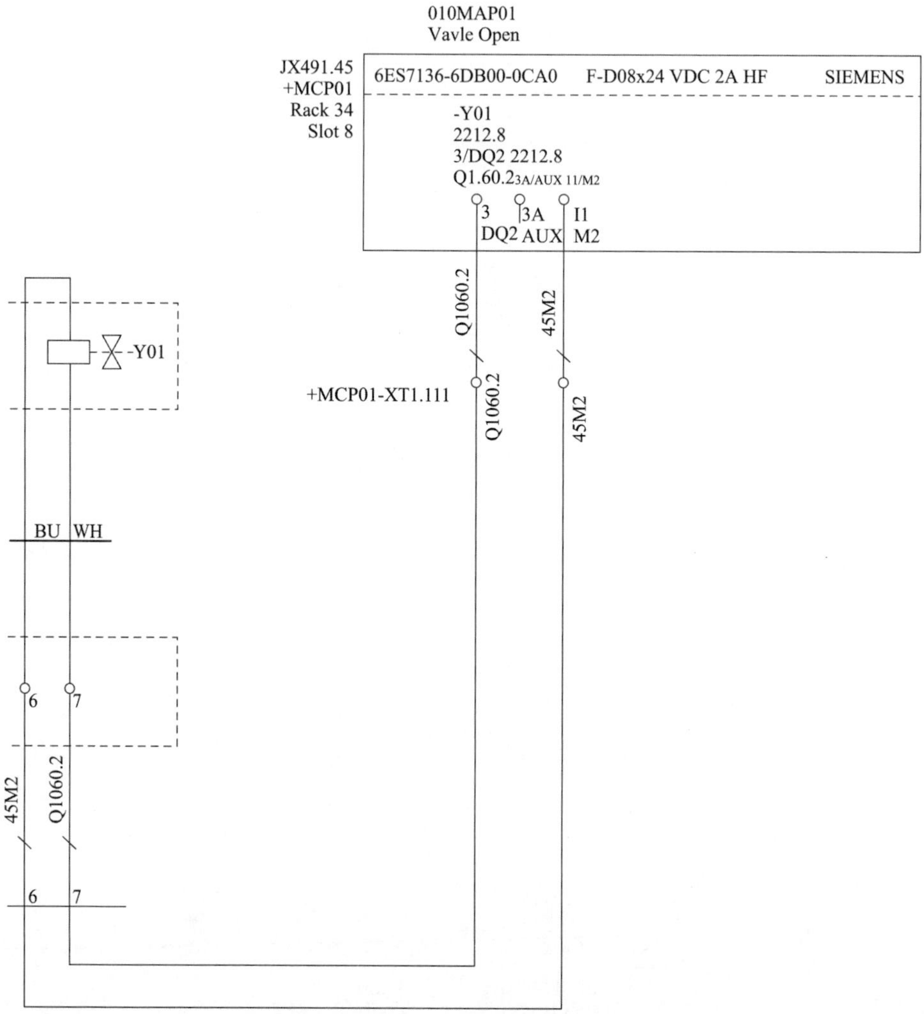

图4-26 安全输出信号

	名称	数据类型	起始值	保持	可从HMI/...	从H...	在HMI...
	▼ Input			☐	☐	☐	☐
	■ PASS_ON	Bool	false	☐	☑	☑	☑
	■ ACK_NEC	Bool	true	☐	☑	☑	☑
	■ ACK_REI	Bool	false	☐	☑	☑	☑
	■ IPAR_EN	Bool	false	☐	☑	☑	☑
	■ DISABLE	Bool	false	☐	☑	☑	☑
	▼ Output			☐	☐	☐	☐
	■ PASS_OUT	Bool	true	☐	☑	☑	☑
	■ QBAD	Bool	true	☐	☑	☑	☑

图4-27 变量PASS_OUT和QBAD状态查看

学习情境二 工业机器人工作站上电调试	任务4 通用设备上电调试	页码：
姓名： 班级：	日期：	

名称	数据类型	默认值		
▼ Input			☐	☐
PASS_ON	Bool	false	☐	☑
ACK_NEC	Bool	true	☐	☑
ACK_REI	Bool	false	☐	☑
IPAR_EN	Bool	false	☐	☑
DISABLE	Bool	false	☐	☑
▼ Output			☐	☐
PASS_OUT	Bool	true	☐	☑
QBAD	Bool	true	☐	☑
ACK_REQ	Bool	false	☐	☑
IPAR_OK	Bool	false	☐	☑
DIAG	Byte	16#0	☐	☑
DISABLED	Bool	false	☐	☑
InOut			☐	☐
Static			☐	☐

图 4-28 请求去钝

程序段2： 1=ACKNOWLEDGEMENT FOR REINTEGRATION

注释

%M0.6
"Tag_7"

%DB8006.DBX0.2
"F00000_4/8F-DIDC24V_1".
ACK_REI

图 4-29 变量 ACK_REI 输出应答

任务 4.3 机器人、变位机、PLC 通信程序调试

机器人单机各种焊接动作轨迹等都调试好后，还要配合生产线上的动作要求，也就是还要和 PLC 连接进行通信，双方交互信号。PLC 何时让机器人开始焊接，机器人焊接完成后通知 PLC，通过这样的交互通信，机器人即可作为整条生产线上的"一员"，和生产线的上的其他机构完成整个生产任务。

焊接变位机作为焊接系统中的辅助设备，对提高焊接质量和焊接效率有不可或缺的作用，而变位机的运动同样要由 PLC 通过通信控制实现。机器人、变位机、PLC 的通信关系如图 4-30 所示。

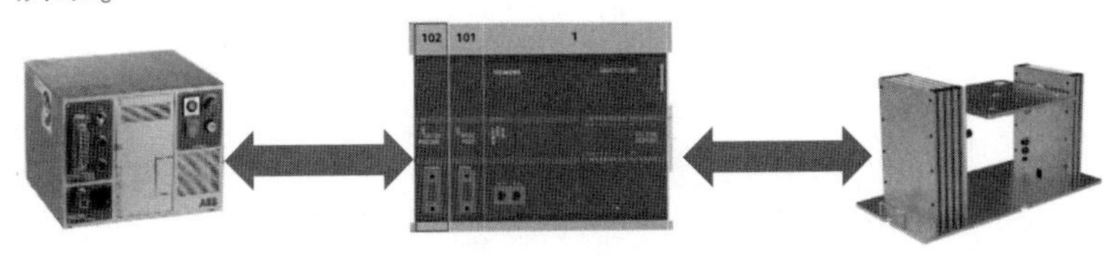

图 4-30 机器人、变位机、PLC 通信关系

本任务需要分析并理解 PLC 总线通信 Profinet 配置方法、机器人端 SOCKET 通信程序（图 4-31）、PLC 端 TCP 服务器通信程序、PLC 控制伺服电机程序，并下载程序进行调试。

学习情境二　工业机器人工作站上电调试	任务 4　通用设备上电调试	页码：
姓名：　　　　班级：	日期：	

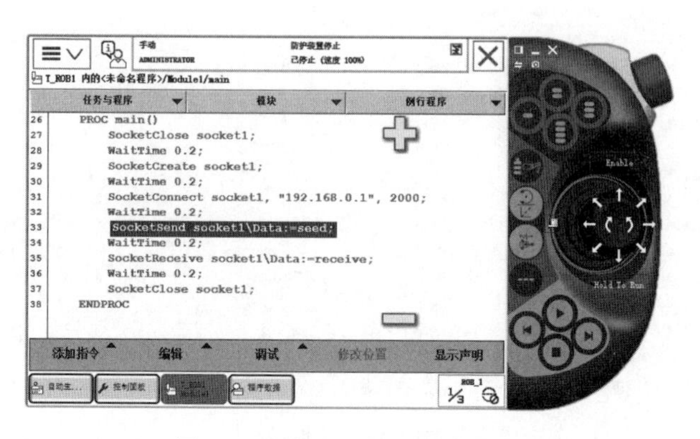

图 4-31　机器人 SOCKET 通信程序

图 4-32 ~ 图 4-34 所示为 PLC 与机器人进行 SOCKET 通信时，PLC 端需要编写的程序。图 4-35 所示为 PLC 控制伺服电机的程序，即：PLC 中变位机程序。

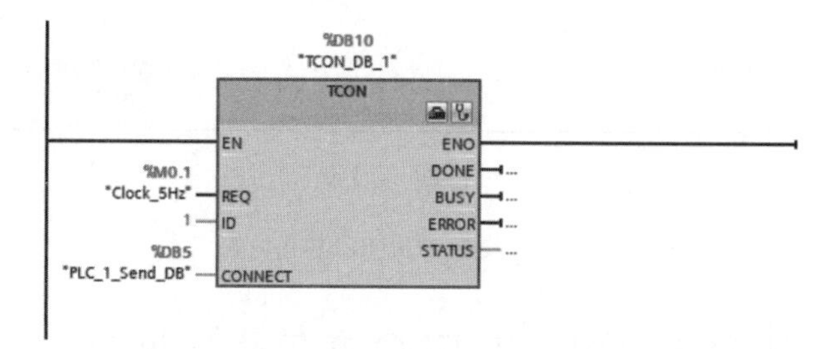

图 4-32　PLC 通信 TCON 程序

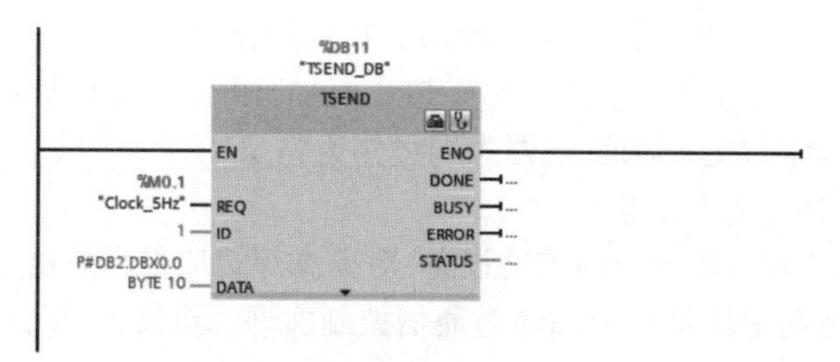

图 4-33　PLC 通信 TSEND 程序

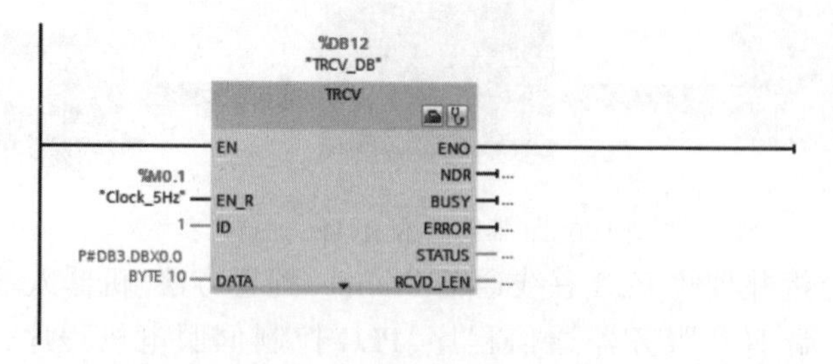

图 4-34　PLC 通信 TRCV 程序

学习情境二　工业机器人工作站上电调试	任务4　通用设备上电调试	页码：
姓名：　　班级：	日期：	

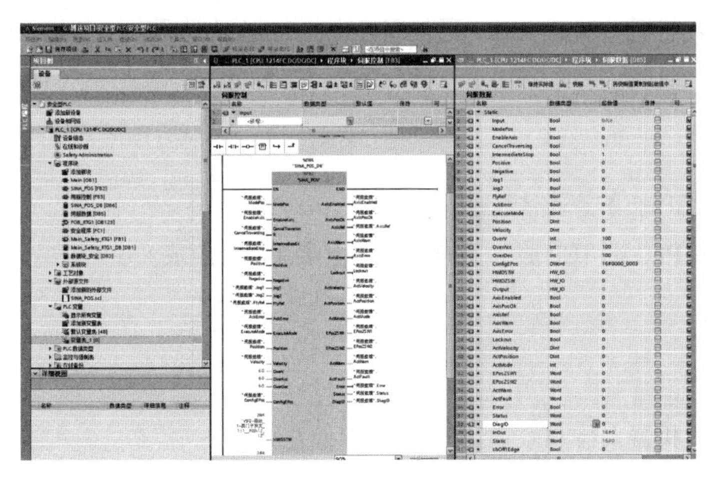

图4-35　PLC中变位机程序

(1)掌握博图软件、RobotStudio软件的使用方法。

(2)通过博图软件打开PLC端通信程序,并通过RobotStudio打开机器人通信程序,理解程序含义。

1. PLC与机器人的总线通信

引导问题1:ABB机器人与PLC之间有哪些通信方式?

引导问题2:什么是GSD文件?如何获取ABB机器人的GSD文件?

2. 机器人端SOCKET通信程序

引导问题3:机器人端SOCKET通信程序的结构是怎样的?

学习情境二　工业机器人工作站上电调试	任务 4　通用设备上电调试	页码：
姓名： 班级：	日期：	

引导问题 4：机器人端 SOCKET 通信程序中的 IP 地址是哪个设备的地址？

3. PLC 端 TCP 服务器通信程序

引导问题 5：PLC 端 TCP 服务器通信程序由哪几部分组成？

引导问题 6：机器人与 PLC 通信时，数据存储在哪里？

4. PLC 控制伺服电机程序

引导问题 7：V90 的 Epos 基本定位控制（伺服控制）中，功能块各引脚的功能分别是什么？

引导问题 8：如何实现 V90 电机的点动控制？

拓展思考题

（1）机器人与 PLC 还有哪些通信方式？
（2）PLC 与变位机之间还有哪些控制方式？

相关知识点

知识点 1：ABB 工业机器人与 PLC 之间的通信方式有哪些？

ABB 机器人常用的通信方式有以下几种类型：
（1）普通 I/O 通信，主要以 Signal 信号和 Group signal 信号为主；
（2）总线通信，如 Profinet、Profibus、DeviceNet、EthernetIP 等总线通信类型；
（3）网络通信，如 SOCKET、PC SDK、RWS（robot web service）等。

学习情境二 工业机器人工作站上电调试	任务4 通用设备上电调试	页码:
姓名: 班级:	日期:	

下面以西门子 S7-300 CPU 与 ABB 机器人间做 Profinet 总线通信为例,说明双方通信的步骤。

1. 硬件环境

S7-300 CPU 集成有 Profinet 通信口,支持做 Profinet 通信,而 ABB 机器人需要增加选项 888-2 或者 888-3 选项,通过主机自带网口实现 Profinet 的主从站通信。

2. 硬件连线

网线直连,普通网线的一头插 S7-300 Profinet 通信口,另一头插机器人自带的通信口。

3. 参数设置

PLC 端,在 S7-300 硬件组态中,安装 ABB 机器人 Profinet GSD 文件,在组态窗口把机器人挂到 Profinet 网络上,并分别设置好双方的 IP 地址,如:

PLC 的 IP 地址为 192.168.0.1;

机器人的 IP 地址为 192.168.0.2。

组态完成后,PLC 端获取到通信的 I/O 地址,如 IB256 为输入,QB256 为输出。

机器人端(以 888-3 选项为例)IP:192.168.0.2,子网掩码:255.255.255.0,需要配置为:控制面板—配置—主题选择 communication—IPSETTNG—点击"ProfinetNetwork"—修改 IP 并选择对应的网口—重启—再进入控制面板,配置,主题 I/O,Profinet InternalDevice—配置输入输出字节和 PLC 端一致。

4. 编程调试

经过以上述步骤后,PLC 与机器人即可通信了,双方的 I/O 关联地址见表 4-3。

PLC 与机器人的 I/O 关联地址表 表 4-3

PLC 端	机器人端(此处为 ABB 机器人 DSQC652 板)
QB256	DI0
IB256	DO0

这样,根据项目的要求,即可通过 Profinet 通信方式,当 PLC 需要给机器人信号时,通过 QB256 发送给机器人,而机器人需要反馈信号给 PLC 时,通过 DO[0-15]发送给 PLC,实现信号的输送。

知识点 2:什么是 GSD 文件? 如何在 STEP 7 和 TIA 博途中安装 GSD 文件?

GSD 文件(Generic Station Description file)是通用站点描述文件的简称。当涉及 PROFIBUS DP 或 Profinet IO 通信时,才使用 GSD 文件。

总线通信 GSD 文件需求表见表 4-4。

总线通信 GSD 文件需求表 表 4-4

类　别	组态 PROFIBUS DP 主站	组态 PROFIBUS DP 从站	组态 PROFINET IO 控制器	组态 PROFINET IO 设备
是否需要 GSD	不需要	需要	不需要	需要

学习情境二　工业机器人工作站上电调试	任务4　通用设备上电调试	页码：
姓名：	班级：　　日期：	

GSD文件由设备生产厂家来提供。例如，某第三方变频器要挂在西门子300PLC PROFIBUS总线上做从站，需要第三方提供变频器的GSD文件。

在TIA上安装GSD文件的步骤见表4-5。

在TIA上安装GSD文件的步骤 表4-5

步　骤	图　示
(1)下载所需要的GSD文件	
(2)打开博图软件，在“选项”菜单下选择“管理通用站描述文件(GSD)”打开	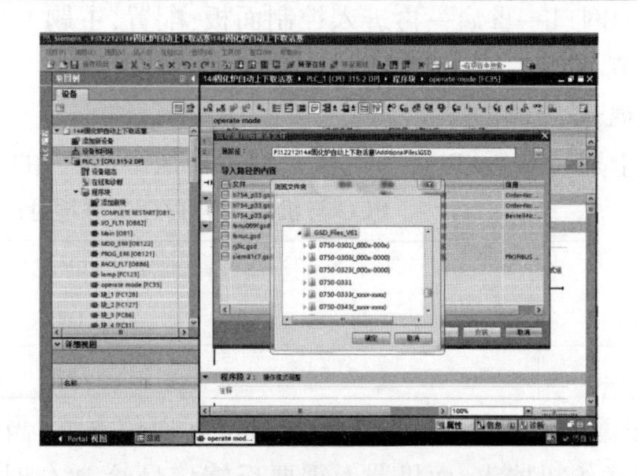
(3)选择需要安装的GSD文件存放路径，选择需要安装的GSD文件，点击安装	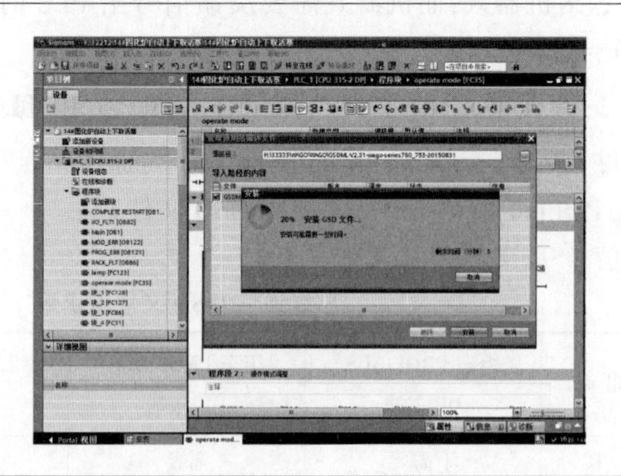

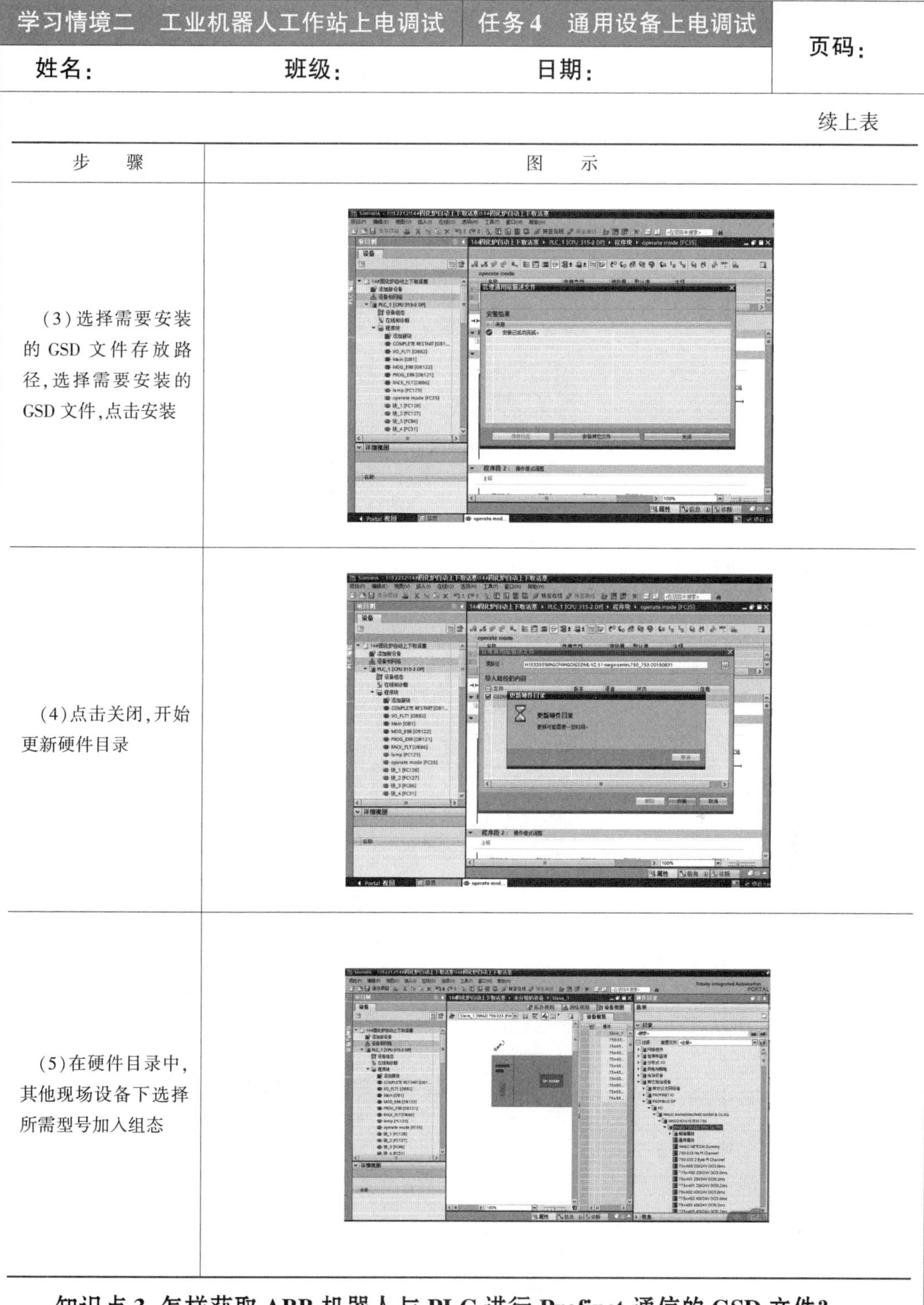

学习情境二　工业机器人工作站上电调试	任务4　通用设备上电调试	页码：
姓名：　　班级：	日期：	

续上表

步　骤	图　示
(3)选择需要安装的GSD文件存放路径，选择需要安装的GSD文件，点击安装	
(4)点击关闭，开始更新硬件目录	
(5)在硬件目录中，其他现场设备下选择所需型号加入组态	

知识点3：怎样获取ABB机器人与PLC进行Profinet通信的GSD文件？

ABB机器人与PLC进行Profinet通信时，需要将机器人的GSD文件给PLC。ABB机器人的GSD文件获取方法见表4-6。

学习情境二　工业机器人工作站上电调试	任务4　通用设备上电调试	页码：
姓名：	班级：	日期：

ABB 机器人的 GSD 文件获取方法　　表 4-6

步　　骤	图　　示
（1）打开 ABB 的 RobotStudio 软件，在选项卡 Add-Ins 下，找到已经安装的 robotware 版本	
（2）右键点击 RobotWare，点击打开数据包文件夹	
（3）打开文件夹 RobotPackages	
（4）选择文件夹 RobotWare_RPK_6.08.0134 并打开	

学习情境二　工业机器人工作站上电调试	任务4　通用设备上电调试	页码：
姓名： 班级：	日期：	

续上表

步　骤	图　示
(5)选择文件夹utility打开	新建文件夹 名称 修改日期 类型 大小 licenses 2019/4/12 17:18 文件夹 utility 2019/4/12 17:18 文件夹 abb.robotics.robotware.arc_6.08.013... 2018/10/30 20:06 RPK 文件 3,750 KB abb.robotics.robotware.bootserver_6... 2018/10/30 20:09 RMF 文件 13 KB abb.robotics.robotware.bootserver_6... 2018/10/30 20:08 RPK 文件 28,080 KB abb.robotics.robotware.core.bin_6.08... 2018/10/30 20:07 RPK 文件 46,650 KB abb.robotics.robotware.core.python_... 2018/10/30 20:07 RPK 文件 7,100 KB abb.robotics.robotware.core_6.08.01... 2018/10/30 20:07 RPK 文件 32,730 KB abb.robotics.robotware.drivesystem_... 2018/10/30 20:07 RPK 文件 50 KB abb.robotics.robotware.firmware_6.0... 2018/10/30 20:07 RPK 文件 16,260 KB abb.robotics.robotware.options_6.08... 2018/10/30 20:07 RPK 文件 13,450 KB abb.robotics.robotware.robots.irb52... 2018/10/30 20:08 RPK 文件 530 KB abb.robotics.robotware.robots.irb66... 2018/10/30 20:08 RPK 文件 9,350 KB
(6)找到service文件夹并打开	名称 修改日期 类型 大小 AdditionalAxis 2019/4/12 17:18 文件夹 AxisSelector 2019/4/12 17:18 文件夹 BrakeCheck 2019/4/12 17:18 文件夹 GearUnits 2019/4/12 17:18 文件夹 GearUnits-TypeA 2019/4/12 17:18 文件夹 ioctrlaxis 2019/4/12 17:18 文件夹 LinkedMotors 2019/4/12 17:18 文件夹 migration 2019/4/12 17:18 文件夹 MotorUnits 2019/4/12 17:18 文件夹 MotorUnits-TypeA 2019/4/12 17:18 文件夹 SafeMove2 2019/4/12 17:18 文件夹 service 2019/4/12 17:18 文件夹 Spot 2019/4/12 17:18 文件夹 Template 2019/4/12 17:18 文件夹 utility 2018/10/27 14:24 文本文档 0 KB
(7)选择【GSDML】文件夹，打开后有GSD文件	共享▾ 新建文件夹 名称 修改日期 类型 大小 EDS 2019/4/12 17:18 文件夹 Euromap_spi 2019/4/12 17:18 文件夹 firmware 2019/4/12 17:18 文件夹 GSD 2019/4/12 17:18 文件夹 GSDML 2019/4/12 17:18 文件夹 ioconfig 2019/4/12 17:18 文件夹
(8)找到含有GSDML-V2.33的GSD文件	DSQC688 GSDML-03B8-0001-Robot-Device GSDML-03B8-0001-Robot-Device GSDML-03B8-0001-Robot-Energy-Device GSDML-V2.0-PNET-Anybus-20100510 GSDML-V2.33-ABB-Robotics-Robot-Device-20180814

知识点4:ABB机器人套接字

Socket Messaging的作用是允许RAPID程序员通过TCP/IP网络协议在各台计算机之间传输应用数据。一个套接字代表了一条独立于当前所用网络协议的通用通信通道。

“套接字通信”是源于Berkeley所发布软件Unix的一套标准，除Unix外，Microsoft-Windows等平台也支持该项标准。有了Socket Messaging，机器人控制器上的RAPID程序就能与另一台计算机上的C/C++程序等进行通信。

ABB机器人套接字通信时，需要安装的软件有RobotStudio：ABB机器人编程软件；TCP/UDP调试助手：可模拟服务器客户端进行本体测试；选项支持：616-1 PC-inteface。

ABB机器人套接字的通信过程如图4-36所示。

学习情境二　工业机器人工作站上电调试	任务4　通用设备上电调试	页码：
姓名：　班级：	日期：	

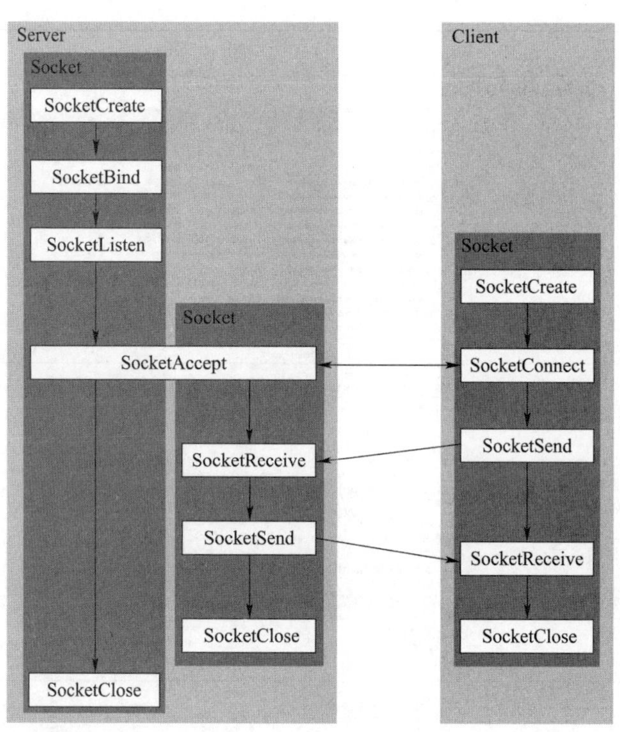

提示

若无必要，则请勿创建和关闭套接字。通信完毕前请一直开户相应的套接字。出于TCP/IP功能之故，在SocketClose后，该套接字要过一段时间后才会真正关闭。

图4-36　ABB机器人套接字通信过程

ABB机器人套接字常用到的客户端指令见表4-7。

ABB机器人套接字常用到的客户端指令　　表4-7

指　令	描　述
套接字创建	创建一个新的套接字，并赋予其一个socketdev变量
套接字连接	向一台远程计算机提出连接请求。客户端将用其连接相应的服务器
套接字发送	通过套接字连接而向某台远程计算机发送数据。这些数据既可以是string或rawbytes变量，也可以是byte数组
套接字接收	接收数据，并将其保存在一个string或rawbytes变量中，或保存在一个byte数组中
套接字关闭	关闭一个套接字，随之释放所有资源

ABB机器人套接字常用到的服务器指令见表4-8。

学习情境二　工业机器人工作站上电调试	任务 4　通用设备上电调试	页码：
姓名：　　班级：	日期：	

ABB 机器人套接字常用到的服务器指令　　表 4-8

指　令	描　述
套接字绑定	将套接字与相关服务器上的一个指定端口号绑定起来。该服务器会用其来定义“用(该服务器上的)哪个端口监听某一连接” 该 IP 地址定义了一台物理计算机，而该端口则定义了通往该计算机上某一程序的一条逻辑通道
套接字监听	使该计算机作为一台服务器，并接受外来的连接。其将监听 SocketBind 所指定端口上的某一连接
套接字接受	接受一项外来连接请求。服务器将用其来接受相关客户端的请求

知识点 5：西门子 PLC 开放式以太网通信

开放式用户通信基本包括四个步骤：建立连接、接收数据、发送数据和断开连接，各个步骤均由相应的功能块(指令)来实现。

在开放式用户通信中，无论是使用 TCP 协议，还是 ISO-ON-TCP 协议或者 UDP 协议，都需要使用 TCON 指令来建立连接。对于 TCP 或者 ISO-ON-TCP 协议，TCON 会在通信伙伴之间建立真实的连接；对于 UDP 协议，TCON 指令只是用来配置相关的通信参数。

下面以 S7-1200 为例，介绍如何在博图环境下配置与使用 TCON 指令。具体操作步骤见表 4-9。

TCON 指令使用方法　　表 4-9

步　骤	图　示
(1)在【指令(Instructions)】—【通信(communications)】—【开放式用户通信(Open user communication)】—【其他(others)】列表中找到 TCON 指令	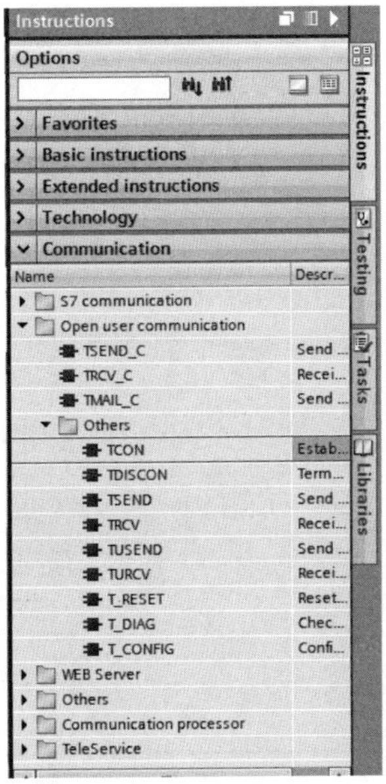

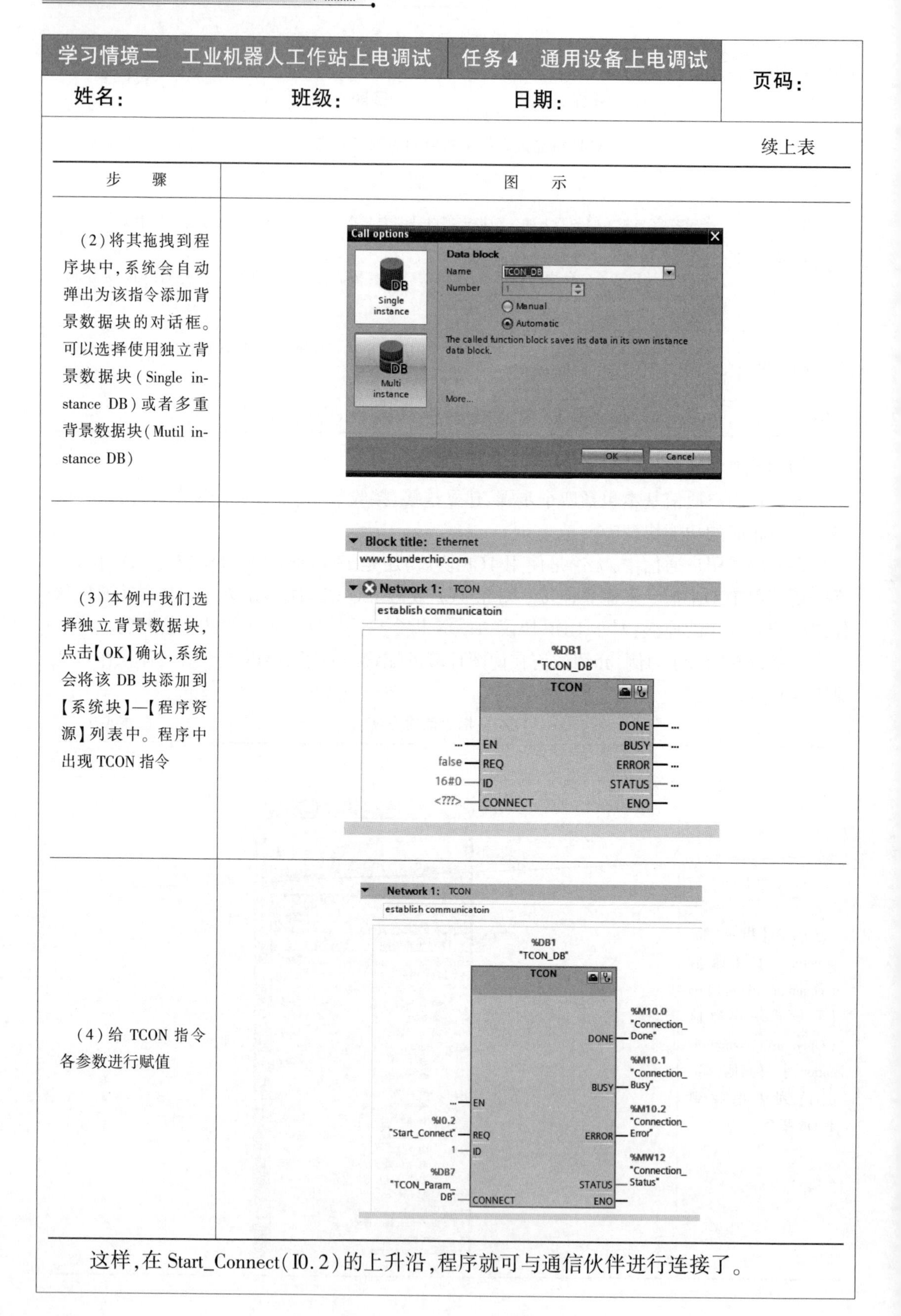

学习情境二 工业机器人工作站上电调试	任务4 通用设备上电调试	页码：
姓名： 班级：	日期：	

续上表

步骤	图示
（2）将其拖拽到程序块中，系统会自动弹出为该指令添加背景数据块的对话框。可以选择使用独立背景数据块（Single instance DB）或者多重背景数据块（Mutil instance DB）	
（3）本例中我们选择独立背景数据块，点击【OK】确认，系统会将该DB块添加到【系统块】—【程序资源】列表中。程序中出现TCON指令	
（4）给TCON指令各参数进行赋值	

这样，在Start_Connect(I0.2)的上升沿，程序就可与通信伙伴进行连接了。

学习情境二 工业机器人工作站上电调试	任务4 通用设备上电调试	页码:
姓名: 班级:	日期:	

其中,TCON 指令中各参数的含义如下。

(1)REQ:建立连接请求,需要一个上升沿的信号变化。

(2)ID:连接资源的唯一标识。

(3)CONNECT:一个指向连接资源的指针。连接资源是一个包含相关配置参数的DB块。

(4)DONE:通信连接的过程是否完成,1 = 已经完成。

(5)BUSY:是否正在进行通信连接,1 = 正在连接,0 = 未开始连接或已经完成。

(6)ERROR:连接过程中是否有错误发生,0 = 没有错误,1 = 有错误。

(7)STATUS:连接的状态。

知识点6:西门子1200通过FB284控制V90步骤

西门子1200通过FB284控制V90步骤见表4-10。

西门子1200通过FB284控制V90步骤 表4-10

步 骤	图 示
(1)伺服参数设置步骤	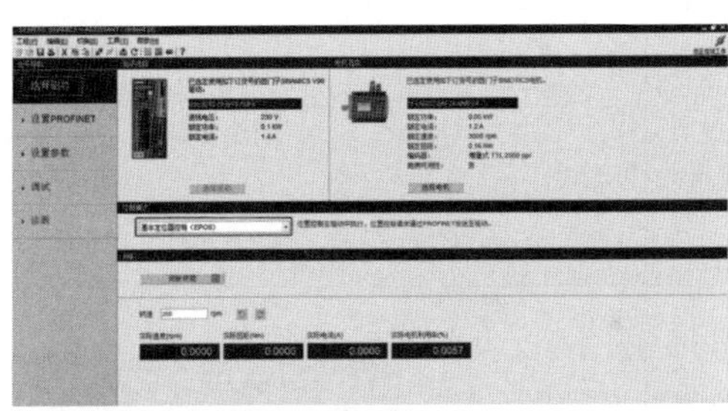 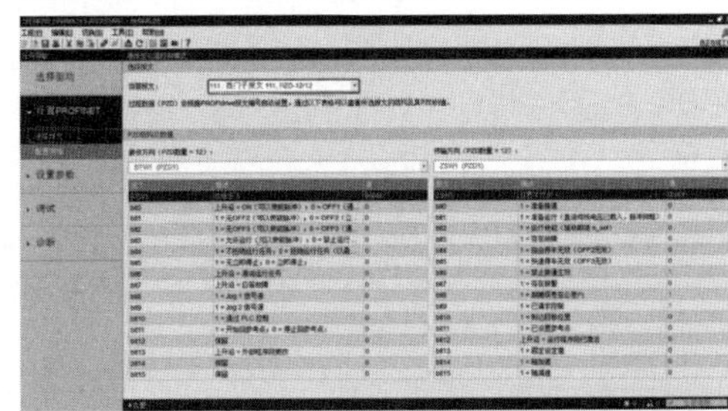 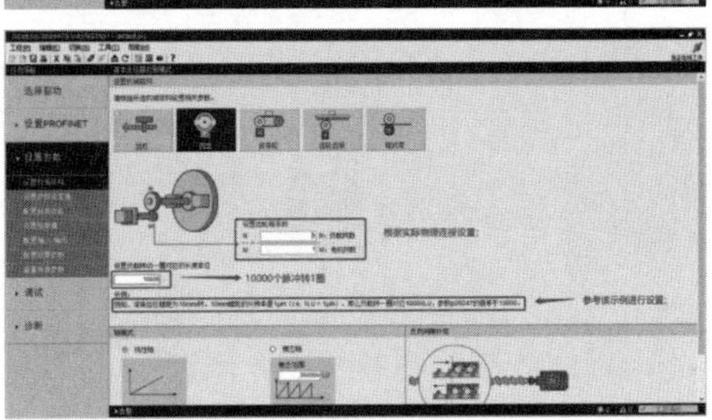

学习情境二　工业机器人工作站上电调试	任务4　通用设备上电调试	页码：
姓名：　　班级：	日期：	

续上表

步　骤	图　示
(2)打开博图软件,新建项目,添加1214C(DC/DC/DC)PLC,添加新子网,IP设为10.10.56.10	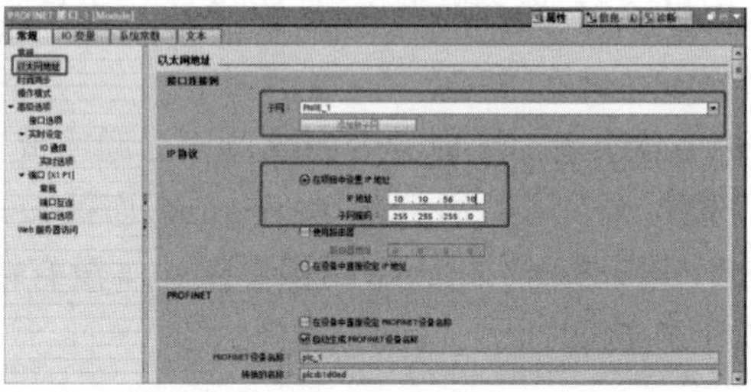
(3)添加V90伺服,拖入网络视图界面	
(4)双击伺服网络端口,设置IP地址位10.10.56.11;设置设备名称位v90-pn-1;设备名称根据用户自己的需求更改即可	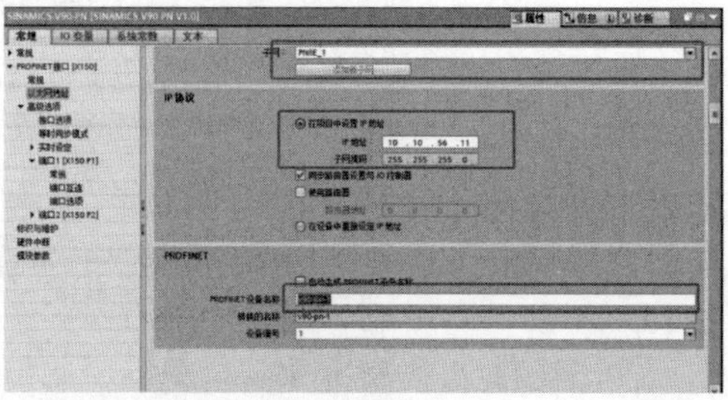
(5)打开v90设备概况,从右侧拖入西门子报文111	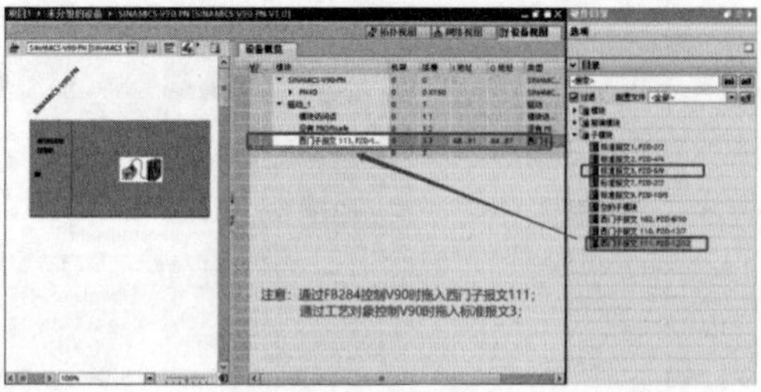 注意：通过FB284控制V90时拖入西门子报文111; 通过工艺对象控制V90时拖入标准报文3;

学习情境二　工业机器人工作站上电调试	任务 4　通用设备上电调试	页码：
姓名： 班级：	日期：	

续上表

步　骤	图　示
(6)将程序下载至PLC,然后分配伺服设备名称。注意：不分配会报设备组件错误	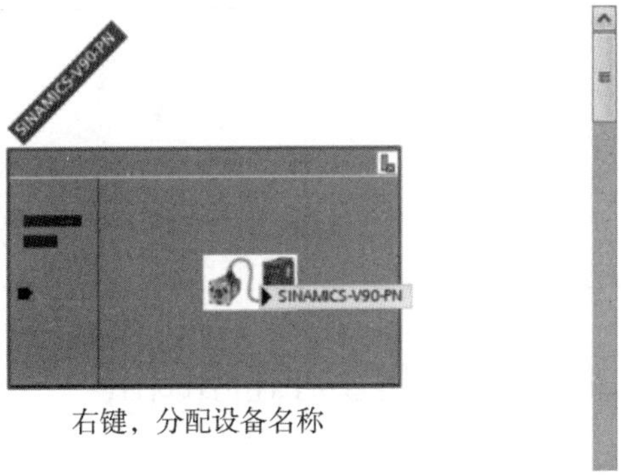SINAMICS-V90-PN SINAMICS-V90-PN 右键，分配设备名称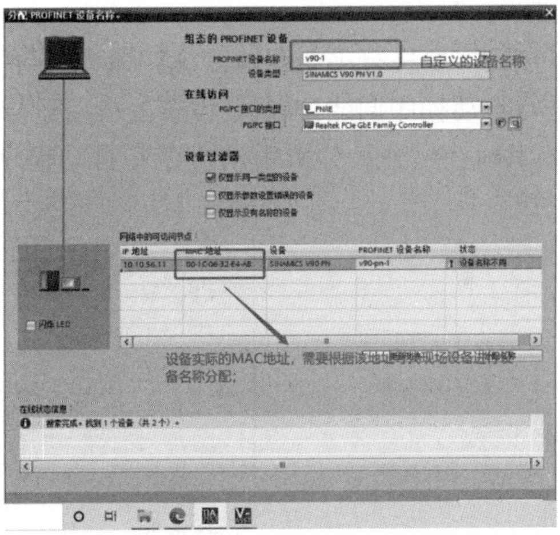分配 PROFINET 设备名称 自定义的设备名称 设备实际的MAC地址，需要根据该地址与现场设备进行设备名称分配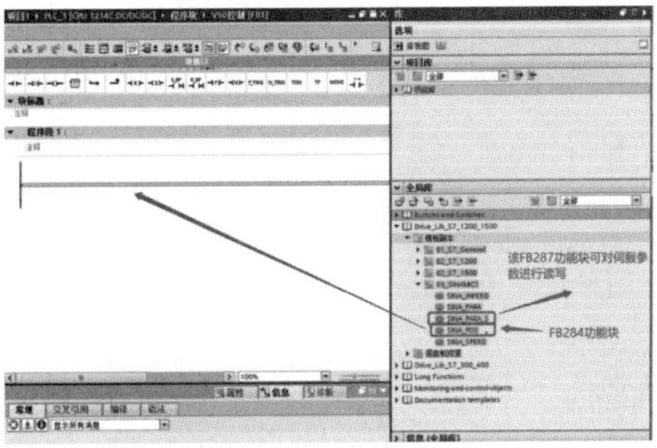该FB287功能块可对伺服参数进行读写 FB284功能块

学习情境二 工业机器人工作站上电调试	任务4 通用设备上电调试	页码:
姓名: 班级:	日期:	

续上表

步　骤	图　示
(7)配置 SINA_POS 参数	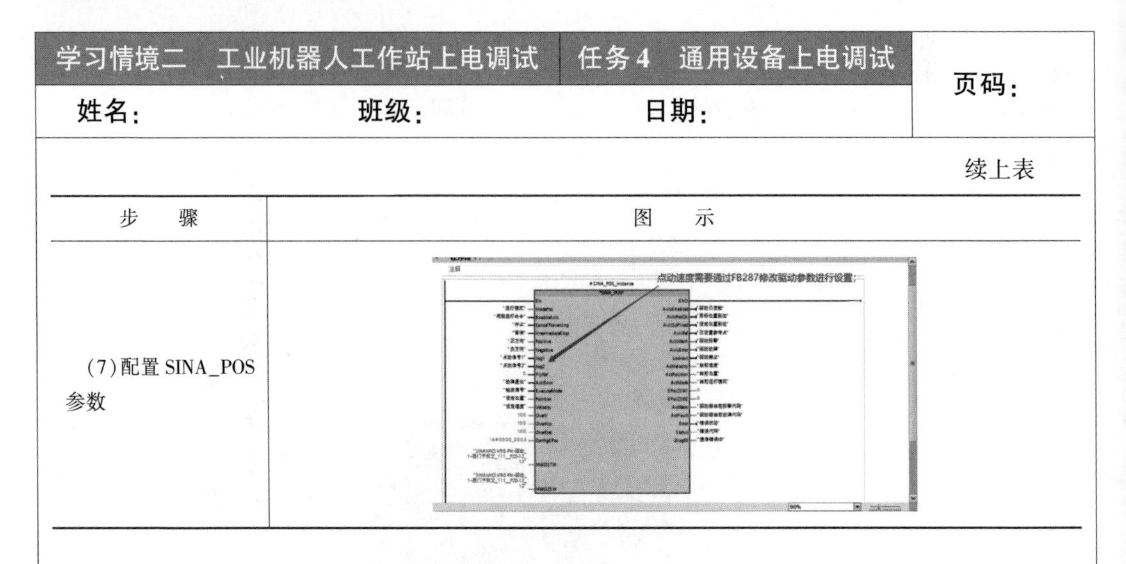

任务4.4 手动和自动程序调试

弧焊机器人工作站的程序不仅需要安全程序,还需要手动/自动的控制程序,以及控制机器人焊接的焊接程序。

在设备到位后,需要进行手动调试,观察手动状态下设备的运行情况。当手动调试完成后,则需要进行自动程序调试,以保证设备的自动运行。

如图 4-37 ~ 图 4-39 所示,分析手动程序和自动程序的编程思路,并利用博图软件进行编程,下载调试。

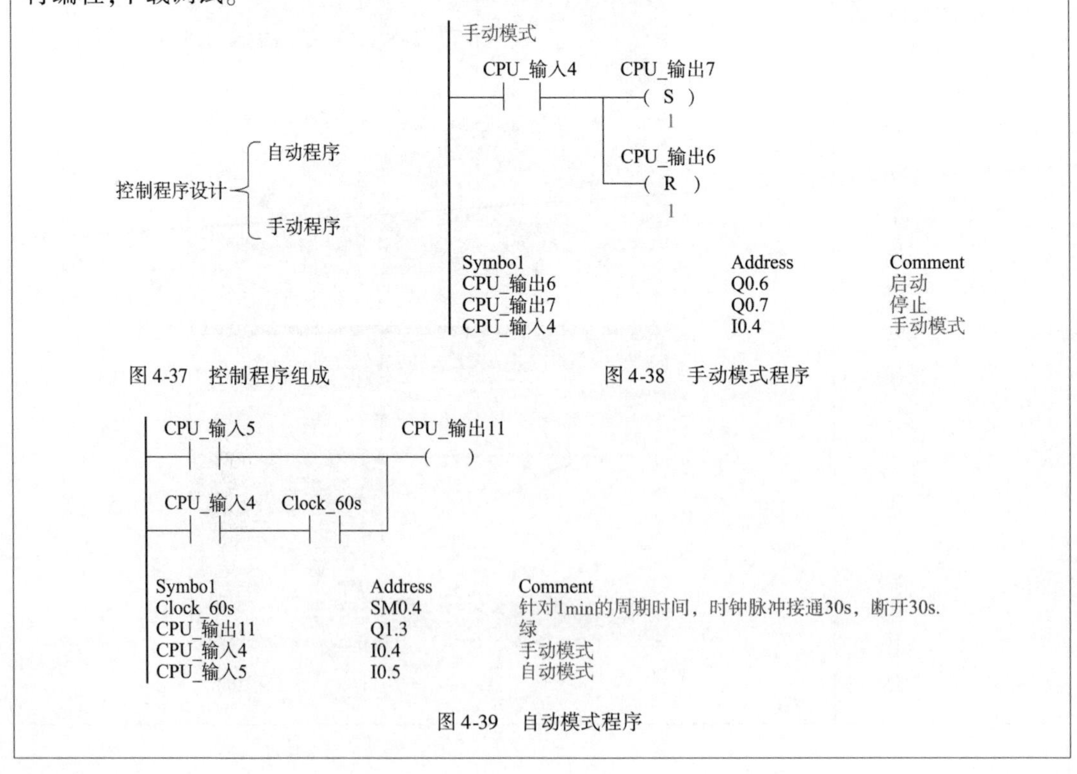

图 4-37　控制程序组成

图 4-38　手动模式程序

图 4-39　自动模式程序

学习情境二　工业机器人工作站上电调试	任务4　通用设备上电调试	页码：
姓名： 班级：	日期：	

准备工作

(1)阅读电气原理图,查看手动运行按钮、自动运行按钮的输入端。

(2)对照工作站实物,找到手动运行按钮、自动运行按钮位置。

(3)能够利用博图软件进行组态设计。

工作实施

引导问题1:为什么需要编写手动运行程序?

____

____

____

引导问题2:对照发放的资料,解释手动运行程序和自动运行程序的编写思路。

____

____

____

拓展思考题

编程时如何实现手动操作和自动操作的互锁?

相关知识点

知识点:PLC自动运行中的顺序控制

所谓顺序控制,就是按照生产工艺预先规定的顺序,在各个输入信号的作用下,根据内部状态和时间的顺序,在生产过程中各个执行机构自动地、有秩序地进行操作。

图4-40所示的电镀自动生产线就是一个典型的顺序控制过程:在上生产线前要求毛坯无严重缺陷,并经过滚磨或磨光前处理。经吹尘后,上线用弱碱性溶液,采用阴极电解除油。时间控制在10~15s,电流密度为3~5A/dm^2,清洗后,用氢氟酸溶液浸蚀5s,提高镀层附着力。采用预镀氰化铜的方法,在零件表面形成一层完全覆盖、致密区附着良好的镀层。水洗后,镀镍5min。其中,除油、预镀铜、镀镍的槽温控制在50~60℃之间,镀铜和镀镍要求初始用高密度电流冲击2min,之后镀镍再用涓流镀3min,同时阴极移动,用于搅拌电镀溶液,以保证镀层均匀、致密、不起皮等。

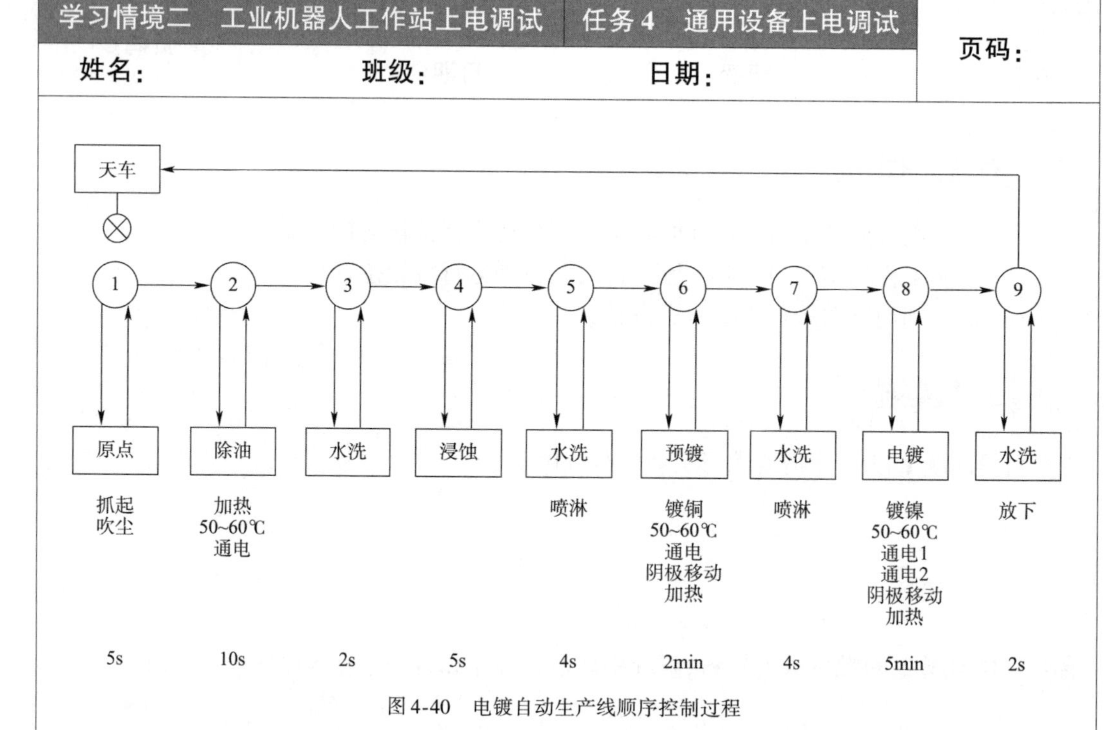

图4-40 电镀自动生产线顺序控制过程

对于此类顺序控制的PLC实例，可以采用顺序控制设计法来进行PLC程序的设计。使用顺序控制设计法时，首先根据系统的工艺过程，画出顺序功能图，然后根据顺序功能图编写梯形图程序。有的PLC则提供了顺序功能图编程语言，用户在编程软件中生成顺序功能图后便完成了编程工作，如西门子S7-300/400/1500 PLC中的S7 Graph编程语言。顺序控制设计法是一种先进的设计方法，很容易被初学者接受，对于有经验的工程师，也会提高设计的效率，程序的调试、修改和阅读也很方便。

任务4.5 机器人现场示教、点位坐标调试

用焊接机器人代替人进行作业时，必须预先对机器人发出指令，规定机器人应该完成的动作和作业的具体内容，这个指示过程称为对机器人的示教（teaching），或对机器人的编程（programming）。对机器人的示教内容通常存储在机器人的控制装置内，通过存储内容的再现（playback），机器人就能实现人们所要求的动作和要求人们赋予的作业内容。

分析rArc1焊接程序，现场利用示教器操作机器人，示教pArc1、pArc2、pArc3、pArc4、pArc5关键点位，运行程序，观察机器人焊接轨迹。

根据图4-41～图4-45，熟练使用机器人示教器进行机器人操作。

学习情境二　工业机器人工作站上电调试	任务 4　通用设备上电调试	页码：
姓名： 班级：	日期：	

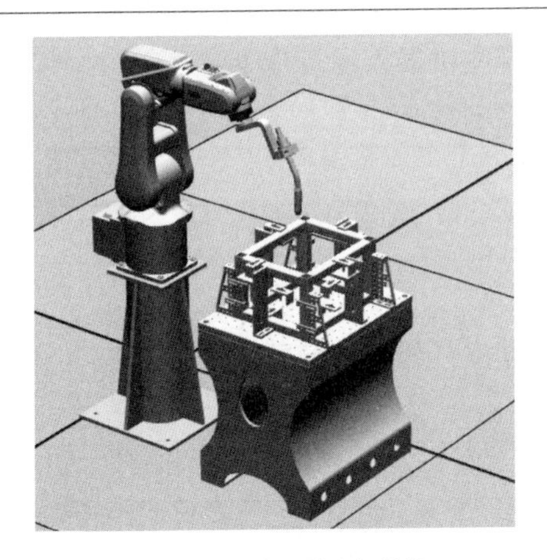

图 4-41　焊接机器人与焊件

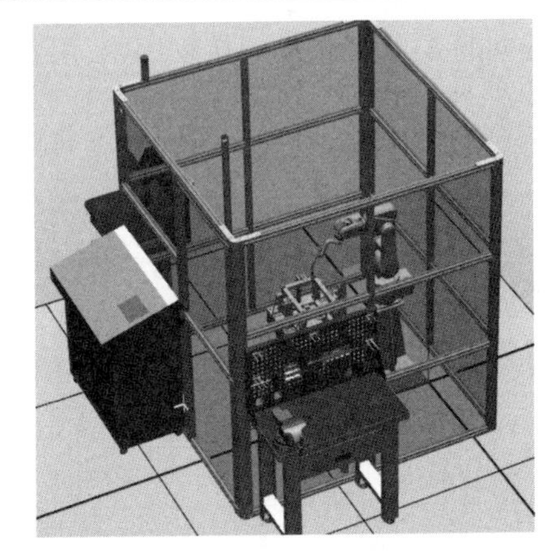

图 4-42　机器人焊接工作站

```
PROC rArc1()
    MoveJ offs(pArc1,0,0,50),v1000,z10,NewGun\WObj:=Workobject_1;
    MoveL pArc1,v50,fine,NewGun\WObj:=Workobject_1;
    Set do_Arc ;
    MoveC pArc2,pArc3,v10,fine,NewGun\WObj:=Workobject_1;
    MoveL pArc4,v10,fine,NewGun\WObj:=Workobject_1;
    MoveC pArc5,pArc6,v10,fine,NewGun\WObj:=Workobject_1;
    Reset do_Arc ;
    MoveL offs(pArc6,-20,-20,100),v400,fine,NewGun\WObj:=Workobject_1;
ENDPROC
```

图 4-43　机器人 rArc1 焊接程序

图 4-44　机器人焊接轨迹

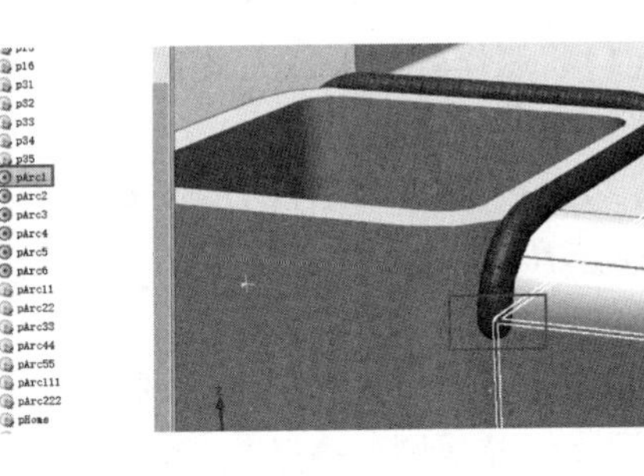

图 4-45　机器人示教点位 pArc1

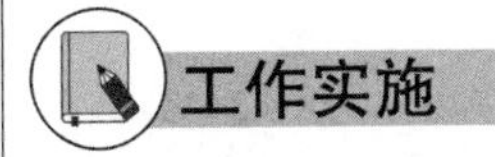

工作实施

1. 焊接程序理解

引导问题 1：任务书的焊接程序中，有几个点位？

学习情境二　工业机器人工作站上电调试	任务4　通用设备上电调试	页码：
姓名：　　班级：	日期：	

引导问题2：任务书的焊接程序中，用到了哪些机器人运行指令？

2. 点位坐标示教

引导问题3：根据焊接程序，需要示教哪些点位？如何进行操作？

任务书中的焊接程序段，其工件坐标系位置在哪里？为什么设在这里？能不能设在其他地方？

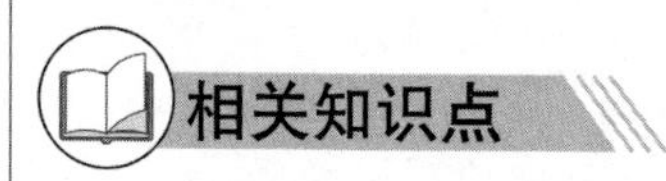

知识点1：焊接机器人编程步骤

(1)将制作好的工装夹具放在焊接平台上或者变位器上，用定位销定位并将工装夹具锁紧。

(2)焊接机器人编程的步骤按以下流程进行：

①选择示教模式。

②建立一个新的作业程序。

③在焊接机器人坐标(或轴坐标和工具坐标)下，手动操作移动机器人至适当位置，存储记录该位置，即为一"点"。依据焊件的形状、焊缝数量和焊缝的位置，存储和记录若干个"点"。

④视需要，在程序中各"点"间插入适当的应用命令。

⑤记录程序结束命令来结束程序。

⑥进行示教内容的修正和确认。用"前进检查"和"后退检查"对程序"点"进行校正、增加或删除。

(3)作业程序的起始点最好设在机器人的参考点位置上，结束点位置与起始点位置尽可能设为同一位置，以减少发生碰撞的可能性。

(4)焊缝数量较多时，为减少焊接变形，编程前应预先考虑好各焊缝的焊接顺序。

(5)示教编程时应合理布局点的位置和数量，避免布局不必要的点，同时应确保机器人在点与点间能够顺利到达而不与焊件、工装夹具等发生碰撞。

学习情境二 工业机器人工作站上电调试	任务4 通用设备上电调试	页码：
姓名： 班级：	日期：	

知识点 2：焊接机器人调试流程

(1)在示教模式下，以手动的方式完整地运行一次作业程序，确保没有危险的动作存在。

(2)开启焊机电源，并调整好保护气体的流量，开始自动焊接。

(3)首道焊缝焊完后，应停止运行中的程序，观察焊缝质量，看工艺参数是否合理。如需要，则应对工艺参数进行微调，之后继续焊接。一般经过2~3次的调整后，焊缝质量就能达到预期的效果。

(4)首件焊件焊完后应进行首捡，首检合格后方可进行批量焊接。

(5)当出现焊缝焊偏的现象时，首先应检查零件是否装到位，其次检查工装夹具是否有松动、位移的现象，最后检查导电嘴是否松动或焊枪是否发生碰撞等现象，找出原因后再进行针对性的解决。

(6)焊接过程中，应随时观察保护气体、焊丝的剩余量，如不足，应立即停止运行中的机器人，进行更换。

(7)误启动不同的作业程序时，或者机器人移动至意想不到的方向时，或者其他人无意识地靠近机器人的动作范围时等，应立即按下紧急停止按钮。一按下紧急停止按钮机器人即紧急停止。紧急停止按钮有两处，一处在示教器上，另一处在控制盒的操作面板上。

知识点 3：ABB 机器人程序点示教编辑

工业机器人移动指令的目标位置(程序点)也可通过手动示教操作进行输入与编辑，利用示教操作输入与编辑程序点的方法如下。

1. 移动指令示教输入

ABB 机器人移动指令的示教输入操作步骤如下。

(1)在 ABB 主菜单上选择【Program Editor】，使示教器显示如图 4-46 所示的程序编辑页面。

(2)利用机器人点动、增量进给等手动操作，将机器人移动到需要输入的移动指令目标位置(程序点)上。

(3)在程序显示区中点击需要编辑的程序行，使光标定位至需要编辑的指令行上。

(4)点击【添加指令】菜单，使示教器显示如图 4-47 所示的 RAPID 指令清单。

(5)点击所需的移动指令代码(如 Move J 等)，输入移动指令。这样便可生成一条以机器人当前示教位置(在指令中以 * 表示程序点)为目标位置的移动指令，如“Move J * v50 z50 tool0”等。

(6)如需要，可利用更改操作数同样的方法，完成指令中其他操作数(如移动速度、到位区间等)的修改。

(7)再次利用机器人点动、增量进给等手动操作，将机器人移动到下一条移动指令的目标位置；并重复步骤(3)~(6)，完成全部移动指令的示教输入。

学习情境二　工业机器人工作站上电调试	任务4　通用设备上电调试	页码：
姓名：　　　　　班级：	日期：	

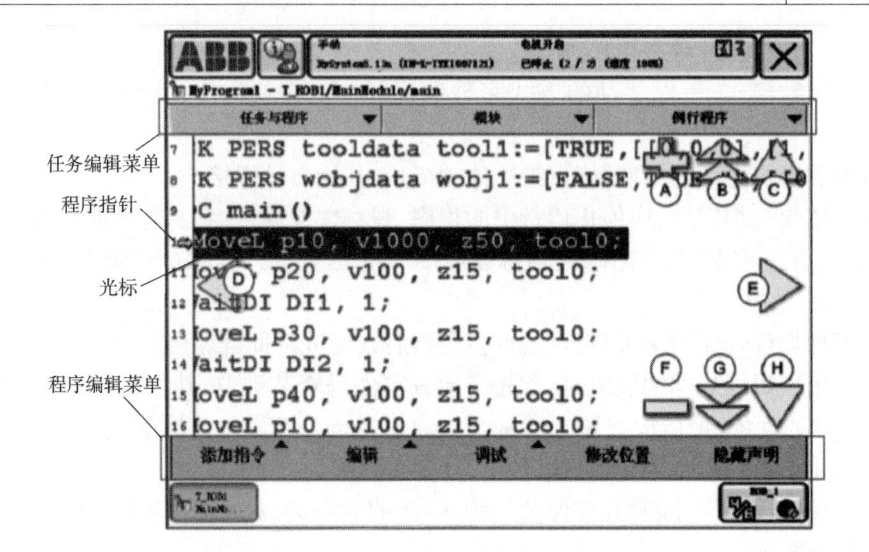

图4-46　程序编辑页面

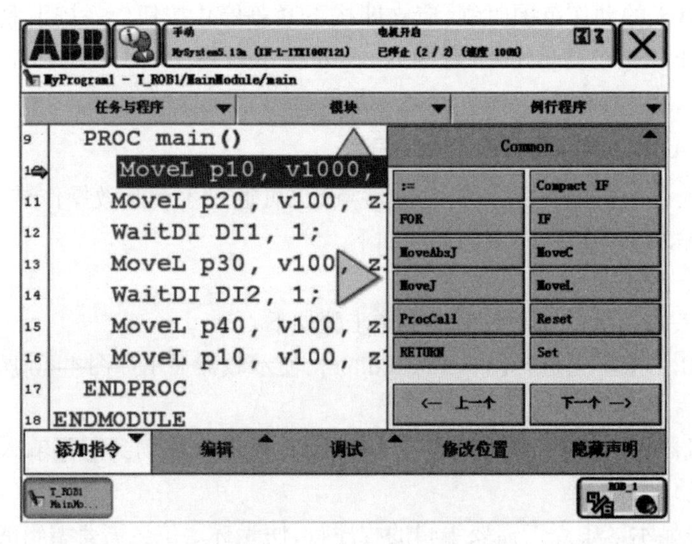

图4-47　RAPID 指令清单显示

2. 程序点示教编辑

程序点的示教编辑的操作步骤如下。

(1)在 ABB 主菜单上选择【Program Editor】,使示教器显示程序编辑页面。

(2)利用"指令编辑""操作数更改"操作,用光标选定需要修改的移动指令与程序点。

(3)通过机器人手动(点动、增量进给)操作,在确保工具数据、工件数据与要求一致的前提下,将机器人移动到示教位置(程序点)上。

(4)点击程序编辑页面的【修改位置】键,示教器将显示程序点修改提示对话框。

学习情境二　工业机器人工作站上电调试	任务4　通用设备上电调试	页码：
姓名：　　班级：	日期：	

(5)选择对话框中的【修改】,原指令中的程序点位置将被机器人当前的示教位置所替代;点击对话框中的【取消】,程序点位置将保持原来的值不变。

(6)重复步骤(2)~(5),完成全部程序点的示教编辑。

3. 程序运行时的示教编辑

程序点的示教编辑也可在程序自动运行的过程中进行,程序自动运行的示教器显示如图4-48所示。

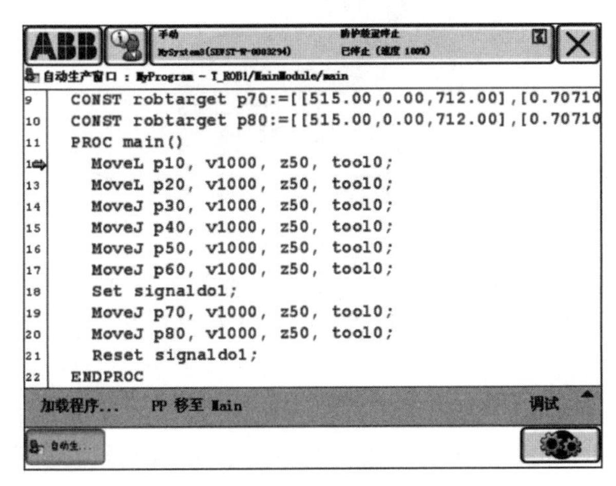

图4-48　程序自动运行显示

程序点示教编辑的基本步骤如下。

(1)停止程序自动运行,并将控制系统的操作模式切换至手动模式。

(2)通过单步运行程序,将程序指针定位到需要修改程序点的指令上。

(3)利用机器人手动(点动、增量进给)操作,将机器人TCP移动到需要修改的位置(示教点)上。

(4)点击程序自动运行显示页的【调试】键,并选择【修改位置】操作键,示教器将显示程序点修改提示对话框。

(5)选择对话框显示栏的【修改】,原指令中的程序点位置将被机器人当前的示教位置所替代。

(6)重复步骤(2)~(5),完成全部程序点的示教编辑。

知识点4:ABB机器人程序点示教编辑

作为简单示例,以下将介绍利用ABB IRB 2600工业机器人完成焊接作业的方法。

1. 焊接动作

图4-49所示的弧焊作业要求机器人能够按照图中所示的轨迹移动,并利用MIG焊接,完成工件P3~P5点的直线焊缝焊接作业。工件焊接完成后,需要输出工件变位器回转信号,通过变位器的180°回转,进行工位A、B的工件交换;由操作者在B工位完成工件的装卸作业,然后重复机器人运动和焊接动作,实现机器人的连续焊接作业。

学习情境二 工业机器人工作站上电调试	任务4 通用设备上电调试	页码：
姓名： 班级：	日期：	

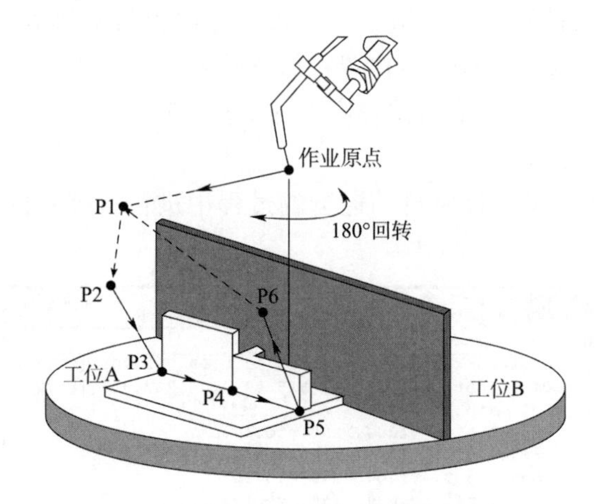

图4-49 弧焊作业要求

如果在焊接完成后，B工位完成工件的装卸作业尚未完成，则中断程序执行，输出工件安装指示灯，提示操作者装卸工件；操作者完成工件装卸后，可通过应答按钮输入安装完成信号，程序继续。

如果自动循环开始时工件变位器不在工作位置，或者A、B的工件交换信号输出后，变位器在30s内尚未回转到位，则利用错误处理程序，在示教器上显示相应的系统出错信息，并退出程序循环。

以上焊接系统对机器人及辅助部件的动作要求见表4-11。

焊接作业动作　　表4-11

工步	名　称	动作要求	运动速度	DI/DO信号
0	作业初始状态	机器人位于作业原点	—	—
		加速度及倍率限制50% 速度限制60mm/s	—	—
		工件变位器回转阀关闭	—	A、B工位回转信号为0
		焊接电源、送丝、气体关闭	—	电源、送丝、气体信号为0
1	作业区上方定位	机器人高速运动到P1点	高速	同上
2	作业起始点定位	机器人高速运动到P2点	高速	同上
3	焊接开始点定位	机器人移动到P3点	500mm/s	焊接电源、送丝、气体信号为1：焊接电流、电压输出(系统自动控制)
4	P3点附近引弧	自动引弧	焊接参数设定	
5	焊缝1焊接	机器人移动到P4点	200mm/s	
6	焊缝2摆焊	机器人移动到P5点	100mm/s	
7	P5点附近熄弧	自动熄弧	焊接参数设定	焊接电源、送丝、气体信号为0：焊接电流、电压关闭(系统自动控制)
8	焊接退出点定位	机器人移动到P6点	500mm/s	

学习情境二 工业机器人工作站上电调试	任务4 通用设备上电调试	页码：
姓名： 班级：	日期：	

续上表

工步	名　称	动作要求	运动速度	DI/DO 信号
9	作业区上方定位	机器人高速运动到 P1 点	高速	同上
10	返回作业原点	机器人移动到作业原点	高速	同上
11	变位器回转	A、B 工位自动交换	—	A 或 B 工位回转信号为 1
12	结束回转	撤销 A、B 工位回转信号	—	A、B 工位回转信号为 0

2. DI/DO 信号

根据作业程序设计的要求，控制系统的 DI/DO 信号通常需要定义字符串文本名。现假设图 4-49 所示机器人弧焊作业的 DI/DO 信号连接，以及通过控制系统 I/O 连接配置所定义的 DI/DO 信号及名称见表 4-12。表中的 DI/DO 信号不包括控制系统本身配备的急停、伺服启动、操作模式选择、程序启动/暂停等系统输入/输出控制信号，以及通过 ABB 弧焊机器人 I/O 配置文件（I/O Signals Configuration）定义的 DI/DO、AI/AO 信号。

DI/DO 信号及名称　　表 4-12

DI/DO 信号	信号名称	作用功能
引弧检测	di01_ ArcEst	1：正常引弧；0：熄弧
送丝检测	di02_WirefeedOK	1：正常送丝；0：送丝关闭
保护气体检测	di03_GasOK	1：保护气体正常；0：保护气体关闭
A 工位到位	di06_inStationA	1：A 工位在作业区；0：A 工位不在作业区
B 工位到位	di07_inStationB	1：B 工位在作业区；0：B 工位不在作业区
工件装卸完成	di08_bLoadingOK	1：工件装卸完成应答；0：未应答
焊接 ON	do01_WeldON	1：接通焊接电源；0：关闭焊接电源
气体 ON	do02_GasON	1：打开保护气体；0：关闭保护气体
送丝 ON	do03_FeedON	1：启动送丝；0：停止送丝
交换 A 工位	do04_CellA	1：A 工位回转到作业区；0：A 工位锁紧
交换 B 工位	do05_CellB	1：B 工位回转到作业区；0：B 工位锁紧
回转出错	do07_SwingErr	1：变位器回转超时；0：回转正常
等待工件装卸	do08_WaitLoad	1：等待工件装卸；0：工件装卸完成

3. 弧焊特殊指令与程序数据

弧焊系统需要进行特殊的引弧、熄弧、送丝、退丝、剪丝等控制以及焊接电流、电压等模拟量的自动调节，因此，不仅控制系统通常需要配套专门的弧焊控制模块，而且还需要使用表 4-13 所示的 RAPID 弧焊控制专用指令及程序数据。

学习情境二　工业机器人工作站上电调试	任务4　通用设备上电调试	页码：
姓名：　　　　班级：	日期：	

RAPID 弧焊控制指令与程序数据及编程格式　　　　表4-13

<table>
<tr><th>名　称</th><th colspan="3">编程格式与示例</th></tr>
<tr><td rowspan="4">直线引弧</td><td rowspan="2">ArcLStart</td><td>编程格式</td><td>ArcLStart ToPoint, Speed[V], seam, weld [Weave], Zone[\Z][\Inpos], Tool[Wobj][TLoad];</td></tr>
<tr><td>程序数据</td><td>seam:引弧、熄弧参数,数据类型 seamdata;
weld:焊接参数,数据类型 welddata;
\Weave:摆焊参数,数据类型 weavedata;
其他:同 MoveL 指令</td></tr>
<tr><td>功能说明</td><td colspan="2">TCP 直线插补运动,在目标点附近自动引弧</td></tr>
<tr><td>编程示例</td><td colspan="2">ArcLStart pl, v500, Seaml, Weldl, fine, tWeld \wobj: = wobjStation;</td></tr>
<tr><td rowspan="4">直线焊接</td><td rowspan="2">ArcL</td><td>编程格式</td><td>ArcL ToPoint, Speed[\V], seam, weld [\Weave], Zone[\Z][\Inpos], Tool[\Wobj][\TLoad];</td></tr>
<tr><td>程序数据</td><td>同上</td></tr>
<tr><td>功能说明</td><td colspan="2">TCP 直线插补自动焊接运动</td></tr>
<tr><td>编程示例</td><td colspan="2">ArcL p2, v200, Seaml, Weldl, fine, tWeld \wobj = wobjStation;</td></tr>
<tr><td rowspan="4">直线熄弧</td><td rowspan="2">ArcLEnd</td><td>编程格式</td><td>ArcLEnd ToPoint, Speed[\V], seam, weld [\Weave], Zone[\Z][\Inpos], Too[\Wobj][\TLoad];</td></tr>
<tr><td>程序数据</td><td>同上</td></tr>
<tr><td>功能说明</td><td colspan="2">TCP 直线插补运动,在目标点附近自动熄弧</td></tr>
<tr><td>编程示例</td><td colspan="2">ArcLStart pl, v500, Seaml, Weld1, fine, tWeld \wobj: = wobjStation;</td></tr>
<tr><td rowspan="4">圆弧引弧</td><td rowspan="2">ArcCStart</td><td>编程格式</td><td>ArcCStart CirtPoint, ToPoint, Speed[\V], seam, weld [\Weave], Zone[\Z][\Inpos], Tool[\Wobj][\TLoad];</td></tr>
<tr><td>程序数据</td><td>同 MoveC、ArceLStart 指令</td></tr>
<tr><td>功能说明</td><td colspan="2">TCP 直线插补自动焊接运动,在目标点附近自动引弧</td></tr>
<tr><td>编程示例</td><td colspan="2">AreCStart pl, p2, v500, Seam1, Weldl, fine, tWeld \wobj: = wobjStation;</td></tr>
<tr><td rowspan="4">圆弧焊接</td><td rowspan="2">ArcC</td><td>编程格式</td><td>AreC CirPoint, ToPoint, Speed[\V], seam, weld [\Weave], Zone[\Z][\Inpos], Tool[\Wobj][\TLoad];</td></tr>
<tr><td>程序数据</td><td>同 MoveC、AreLStart 指令</td></tr>
<tr><td>功能说明</td><td colspan="2">TCP 圆弧插补自动焊接运动</td></tr>
<tr><td>编程示例</td><td colspan="2">AreC pl, p2, v500, Seaml, Weldl, fine, tWeld \wobj: = wobjStation;</td></tr>
<tr><td rowspan="4">圆弧熄弧</td><td rowspan="2">ArcCEnd</td><td>编程格式</td><td>ArcCEnd CirtPoint, ToPoint, Speed[\V], seam, weld [\Weave], Zone[\Z][\Inpos], Tool[\Wobj][\TLoad];</td></tr>
<tr><td>程序数据</td><td>同 MoveC、ArceLStart 指令</td></tr>
<tr><td>功能说明</td><td colspan="2">TCP 圆弧插补自动焊接运动,在目标点附近自动熄弧</td></tr>
<tr><td>编程示例</td><td colspan="2">AreCEnd pl, p2, v500, Seaml, Weldl, fine, tWeld \wobj: = wobjStation;</td></tr>
</table>

学习情境二　工业机器人工作站上电调试	任务 4　通用设备上电调试	页码:
姓名:　　班级:	日期:	

以上指令中的 seamdata、welddata 及添加项\weavedata 是弧焊机器人专用的程序数据，需要在焊接程序中定义。程序数据及添加项的作用如下。

(1) seamdata：主要用来设定焊枪的引弧/熄弧控制参数，例如引弧/熄弧时的清枪时间(Purge_time)、焊接开始前的提前送气时间(Preflow_time)、焊接结束后的保护气体关闭延时(Postflow_time)等。

(2) welddata：主要用来设定焊接工艺参数，例如焊接速度(Weld_speed)、焊接电压(Voltage)、焊接电流(Current)等。

(3) weavedata：用来设定摆焊作业控制参数，例如摆动形状(Weave_shape)、摆动类型(Weave_type)、行进距离(Weave_Length)，以及 L 形摆和三角摆的摆动宽度(Weave_Width)、摆动高度(Weave_Height)等参数。

知识点 5：ABB 机器人焊接应用程序设计思路

1. 程序数据的定义

作业程序设计前，首先需要根据控制要求，将机器人工具的形状、姿态、载荷，以及工件位置、机器人定位点、运动速度等全部控制参数，定义成 RAPID 程序设计所需要的程序数据。

根据上述弧焊作业要求，所定义的基本程序数据见表 4-14。不同程序数据的设定要求和方法，可参见前述相关知识点。

基本程序数据定义　　表 4-14

程序数据			含　义	设定方法
性质	类型	名称		
CONST	robtarget	pHome	机器人作业原点	指令定义或示教设定
CONST	robtarget	Weld_p1	作业区预定位点	指令定义或示教设定
CONST	robtarget	Weld_p2	作业起始点	指令定义或示教设定
CONST	robtarget	Weld_p3	焊接开始点	指令定义或示教设定
CONST	robtarget	Weld_p4	摆焊起始点	指令定义或示教设定
CONST	robtarget	Weld_p5	焊接结束点	指令定义或示教设定
CONST	robtarget	Weld_p6	作业退出点	指令定义或示教设定
PERS	tooldata	tMigWeld	工具数据	手动计算或自动测定
PERS	wobjdata	wobjStation	工件坐标系	手动计算或自动测定
PERS	seamdata	MIG_Seam	引弧、熄弧数据	指令定义或手动设置
PERS	welddata	MIG Weld	焊接数据	指令定义或手动设置
VAR	intnum	intnol	中断名称数据	程序自动计算

以上程序数据为弧焊作业所需的基本操作数，且多为常量 CONST、永久数据 PERS，故需要在程序主模块上予以定义。对于程序中数据运算、状态判断所需的其他程序变量 VAR，

可在相应的程序中,根据需要进行个别定义,有关内容详见后面的程序示例。

2. 应用程序结构设计

为了使读者熟悉 RAPID 中断、错误处理指令的编程方法,在以下程序示例中使用了中断、错误处理指令编程,并根据控制要求,将以上焊接作业分解为作业初始化、A 工位焊接、B 工位焊接、焊接作业、中断处理 5 个相对独立的动作。

(1)作业初始化。作业初始化用来设置循环焊接作业的初始状态、设定并启用系统中断监控功能等。

循环焊接作业的初始化包括机器人作业原点检查与定位、系统 DO 信号初始状态设置等,它只需要在首次焊接时进行,机器人循环焊接开始后,其状态可通过作业程序保证。为了简化程序设计,本程序沿用了前述搬运机器人同样的原点检查与定位方式。

中断设定指令用来定义中断条件、连接中断程序、起动中断监控。由于系统的中断功能一旦生效,中断监控功能将始终保持有效状态,中断程序就可随时调用,因此,它同样可在一次性执行的初始化程序中编制。

(2)A 工位焊接。调用焊接作业程序,完成焊接;焊接完成后启动中断,等待工件装卸完成;输出 B 工位回转信号,启动变位器回转;回转时间超过时,调用主程序错误处理程序,输出回转出错指示。

(3)B 工位焊接。调用焊接作业程序,完成焊接;焊接完成后启动中断,等待工件装卸完成;输出 A 工位回转信号,启动变位器回转;回转时间超过时,调用主程序错误处理程序,输出回转出错指示。

(4)焊接作业。沿图 4-49 所示的轨迹,完成焊接作业。

(5)中断处理。等待操作者工件安装完成应答信号,关闭工件安装指示灯。

根据以上设计思路,应用程序的主模块及主、子程序结构,以及程序实现的功能见表 4-15。

RAPID 应用程序结构与功能　　表 4-15

名　称	类　型	程序功能
mainmodu	MODULE	主模块,定义表 4-14 中的基本程序数据
mainprg	PROC	主程序,进行如下子程序调用与管理: (1)一次性调用初始化子程序 rInitialize,完成机器人作业原点检查与定位、DO 信号初始状态设置、设定并启用系统中断监控功能; (2)根据工位检测信号,循环调用子程序 rCellA_Welding( )或 rCellB_Welding( ),完成焊接作业; (3)通过错误处理程序 ERROR,处理回转超时出错
rInitialize	PROC	一次性调用 1 级子程序,完成以下动作: (1)调用 2 级子程序 rCheckHomePos,进行机器人作业原点检查与定位; (2)设置 DO 信号初始状态; (3)设定并启用系统中断监控功能

学习情境二　工业机器人工作站上电调试	任务4　通用设备上电调试	页码：
姓名：　　班级：	日期：	

续上表

名　　称	类　　型	程 序 功 能
rCheckHomePos	PROC	由 rInitialize 调用的2级子程序，完成以下动作： (1)调用功能程序 InHomePos，判别机器人是否处于作业原点；机器人不在原点时进行如下处理： Z 轴直线提升至原点位置；X、Y 轴移动到原点定位
InHomePos	FUNC	由 rCheckHomePos 调用的3级功能子程序，完成机器人原点判别： (1)$X/Y/Z$ 位置误差不超过 ±20mm； (2)工具姿态四元数 $q_1 \sim q_4$ 误差不超过 ±0.05
rCellA_Welding()	PROC	循环调用1级子程序，完成以下动作： (1)调用焊接作业程序 rWeldingProg()，完成焊接； (2)启动中断程序 tWaitLoading，等待工件装卸完成； (3)输出 B 工位回转信号，启动变位器回转； (4)回转时间超过时，调用主程序错误处理程序，输出回转出错指示
rCellB_Welding()	PROC	循环调用1级子程序，完成以下动作： (1)调用焊接作业程序 rWeldingProg()，完成焊接； (2)启动中断程序 rWaitLoading，等待工件装卸完成； (3)输出 A 工位回转信号，启动变位器回转； (4)回转时间超过时，调用主程序错误处理程序，输出回转出错指示
tWaitLcoading	TRAP	子程序 rCellA_Welding()、rCellB_Welding()循环调用的中断程序，完成以下动作： (1)等待操作者工件安装完成应答信号； (2)关闭工件安装指示灯
rWeldingProg()	PROC	子程序 rCellA_Welding()，rCellB_Welding()循环调用的2级子程序，完成以下动作： 沿图4-49所示的轨迹，完成表4-11中的焊接作业

知识点6：ABB焊接机器人程序设计实例

根据以上设计要求与思路，设计的 RAPID 应用程序如下。

```
! *************************************************************
MODULE mainmodu (SYSMODULE)                    // 主模块 mainmodu 及属性
! Module name : Mainmodule for MIG welding     // 注释
! Robot type : IRB 2600
! Software : Robot Ware 6.01
! Created : 2017-06-18
! ****************************************** // 定义程序数据(根据实际情况设定)
CONST robtarget p Home: = [……];               // 作业原点
```

学习情境二　工业机器人工作站上电调试	任务4　通用设备上电调试	页码：
姓名：　　　　　　班级：	日期：	

```
CONST robtarget Weld_p1: = [ ······];          // 作业点 p1
······
CONST robtarget Weld_p6: = [ ······];          // 作业点 p6
······
PERS tooldata t Mig Weld: = [ ······];         // 作业工具
PERS wobjdata wobj Station: = [ ······];       // 工件坐标系
PERS seamdata MIG_Seam: = [ ······];           // 引弧、熄弧参数
PERS welddata MIG_Weld: = [ ······];           // 焊接参数
VAR intnum intno1;                             // 中断名称
! ***********************************************************
PROC mainprg ()                                // 主程序
r Initialize;                                  // 调用初始化程序
WHILE TRUE DO                                  // 无限循环
IF di06_in Station A = 1 THEN
r Cell A_Welding;                              // 调用 A 工位作业程序
ELSEIF di07_in Station B = 1 THEN
r Cell B_Welding;                              // 调用 B 工位作业程序
ELSE
TPErase;                                       // 示教器清屏
TPWrite"The Station positon is Error";         // 显示出错信息
Exit Cycle;                                    // 退出循环
ENDIF
Waittime 0.5;                                  // 暂停 0.5s
ENDWHILE                                       // 循环结束
ERROR                                          // 错误处理程序
IF ERRNO = ERR_WAIT_MAXTIME THEN               // 变位器回转超时
TPErase;                                       // 示教器清屏
TPWrite "The Station swing is Error";          // 显示出错信息
Set do07_Swing Err;                            // 输出回转出错指示
Exit Cycle;                                    // 退出循环
ENDPROC                                        // 主程序结束
! ***********************************************************
PROC r Initialize ()                           // 初始化程序
Acc Set 50, 50;                                // 加速度设定
Vel Set 100, 600;                              // 速度设定
```

学习情境二 工业机器人工作站上电调试	任务4 通用设备上电调试	页码:
姓名: 班级:	日期:	

```
r Check Home Pos;                              // 调用作业原点检查程序
Reset do01_Weld ON                             // 焊接关闭
Reset do02_Gas ON                              // 保护气体关闭
Reset do03_Feed ON                             // 送丝关闭
Reset do04_ Cell A                             // A 工位回转关闭
Reset do05_ Cell B                             // B 工位回转关闭
Reset do07_ Swing Err                          // 回转出错灯关闭
Reset do08_Wait Load                           // 工件装卸灯关闭
IDelete intno1;                                // 中断复位
CONNECT intno1 WITH t Wait Loading;            // 定义中断程序
ISignal DO do08_Wait Load,1,intno1;            // 定义中断、启动中断监控
ENDPROC                                        // 初始化程序结束
! ************************************************************
PROC Check Home Pos ( )                        // 作业原点检查程序
VAR robtarget p Actual Pos;                    // 程序数据定义
IF NOT In Home Pos( p Home, t Mig Weld) THEN
// 利用功能程序判别作业原点,非作业原点时进行如下处理
p Actual Pos: =CRob T(\Tool: =t Mig Weld\wobj: =wobj0); // 读取当前位置
p Actual Pos. trans. z: =p Home. trans. z;              // 改变 Z 坐标值
Move L p Actual Pos, v100, z20, t Mig Weld;             // Z 轴退至 p Home
Move L p Home, v200, fine, t Mig Weld;                  // X、Y 轴定位到 p Home
ENDIF
ENDPROC                                                 //作业原点检查程序结束
! ************************************************************
FUNC bool In Home Pos(robtarget Compare Pos, INOUT tooldata TCP)
//作业原点判别程序
VAR num Comp_Count: =0;
VAR robtarget Curr_Pos;
Curr_Pos: = CRob T(\Tool: = t Mig Weld \ wobj : =wobj0);
// 读取当前位置,进行以下判别
IF Curr_Pos. trans. x > Compare Pos. trans. x -20 AND
Curr_Pos. trans. x < Compare Pos. trans. x +20 Comp_Count: = Comp_Count +1;
IF Curr_Pos. trans. y > Compare Pos. trans. y -20 AND
Curr_Pos. trans. y < Compare Pos. trans. y +20 Comp_Count: = Comp_Count +1;
IF Curr_Pos. trans. z > Compare Pos. trans. z -20 AND
```

学习情境二　工业机器人工作站上电调试	任务4　通用设备上电调试	页码：
姓名：　　　　班级：	日期：	

```
Curr_Pos. trans. z < Compare Pos. trans. z + 20 Comp_Count: = Comp_Count + 1;
IF Curr_Pos. rot. q1 > Compare Pos. rot. q1 - 0.05 AND
Curr_Pos. rot. q1 < Compare Pos. rot. q1 + 0.05 Comp_Count: = Comp_Count + 1;
IF Curr_Pos. rot. q2 > Compare Pos. rot. q2 - 0.05 AND
Curr_Pos. rot. q2 < Compare Pos. rot. q2 + 0.05 Comp_Count: = Comp_Count + 1;
IF Curr_Pos. rot. q3 > Compare Pos. rot. q3 - 0.05 AND
Curr_Pos. rot. q3 < Compare Pos. rot. q3 + 0.05 Comp_Count: = Comp_Count + 1;
IF Curr_Pos. rot. q4 > Compare Pos. rot. q4 - 0.05 AND
Curr_Pos. rot. q4 < Compare Pos. rot. q4 + 0.05 Comp_Count: = Comp_Count + 1;
RETURN Comp_Count = 7;                         // 返回 Comp_Count = 7 的逻辑状态
ENDFUNC                                        //作业原点判别程序结束
! ***********************************************************
PROC r Cell A_Welding( )                       // A 工位焊接程序
r Welding Prog;                                // 调用焊接程序
Set do08_Wait Load;                            // 输出工件安装指示,启动中断
Set do05_ Cell B;                              // 回转到 B 工位
Wait DI di07_in Station B, 1\Max Time: =30;    // 等待回转到位 30s
Reset do05_ Cell B;                            // 撤销回转输出
ERROR
RAISE;                                         // 调用主程序错误处理程序
ENDPROC                                        // A 工位焊接程序结束
! ***********************************************************
PROC r Cell B_Welding( )                       // B 工位焊接程序
r Welding Prog;                                // 调用焊接程序
Set do08_Wait Load;                            // 输出工件安装指示,启动中断
Set do04_Cell A;                               // 回转到 A 工位
Wait DI di06_in Station A, 1\Max Time: =30;    // 等待回转到位 30s
Reset do04_Cell A;                             // 撤销回转输出
ERROR
RAISE;                                         // 调用主程序错误处理程序
ENDPROC                                        // B 工位焊接程序结束
! ***********************************************************
TRAP t Wait Loading                            // 中断程序
Wait DI di08_b Loading OK;                     // 等待安装完成应答
Reset do08_Wait Load;                          // 关闭工件安装指示
```

学习情境二　工业机器人工作站上电调试	任务4　通用设备上电调试	页码：
姓名：　　　　班级：	日期：	

```
ENDTRAP                                  // 中断程序结束
! *************************************************************
PROC r Welding Prog( )                   // 焊接程序
Move J Weld_p1, vmax, z20, t Mig Weld \wobj: = wobj Station;
                                         // 移动到 P1
Move L Weld_p2, vmax, z20, t Mig Weld \wobj: = wobj Station;
                                         // 移动到 P2
Arc LStart Weld_p3, v500, MIG_Seam, MIG_Weld, fine, t Mig Weld \wobj: = wobj Station;
                                         // 直线移动到 P3 并引弧
Arc LWeld_p4,v200,MIG_Seam,MIG_Weld,fine,t Mig Weld\wobj: = wobj Station;
                                         // 直线焊接到 P4
Arc LEnd Weld_p5, v100, MIG_Seam, MIG_Weld\Weave: = Weave1, fine, t Mig Weld
\wobj: = wobj Station;                   // 直线焊接(摆焊)到 P5 并熄弧
Move L Weld_p6, v500, z20, t Mig Weld \wobj: = wobj Station;
                                         // 移动到 P6
Move J Weld_p1, vmax, z20, t Mig Weld \wobj: = wobj Station;
                                         // 移动到 P1
Move J p Home, vmax, fine, t Mig Weld \wobj: = wobj0;
                                         // 作业原点定位
ENDPROC                                  // 焊接程序结束
! *************************************************************
ENDMODULE                                // 主模块结束
! *************************************************************
```

任务 4.6　报警处理程序调试

弧焊机器人工作站运行时，可能会出现若干异常情况，当出现异常情况时，就需要由红色闪烁指示灯显示出来。

为了验证异常情况下是否报警，需要对报警处理程序进行调试。

分析图 4-50 中 PLC 报警汇总程序，了解哪些情况会产生报警，并充分理解整个报警程序(Alarm)。人为制造出异常情况，对报警处理程序进行调试。

准备工作

(1)能够熟练利用博图软件打开、关闭相关 PLC 程序。

(2)阅读报警处理程序段，理解程序段的含义。

学习情境二　工业机器人工作站上电调试	任务 4　通用设备上电调试	页码：
姓名：　　　　班级：　　　　日期：		

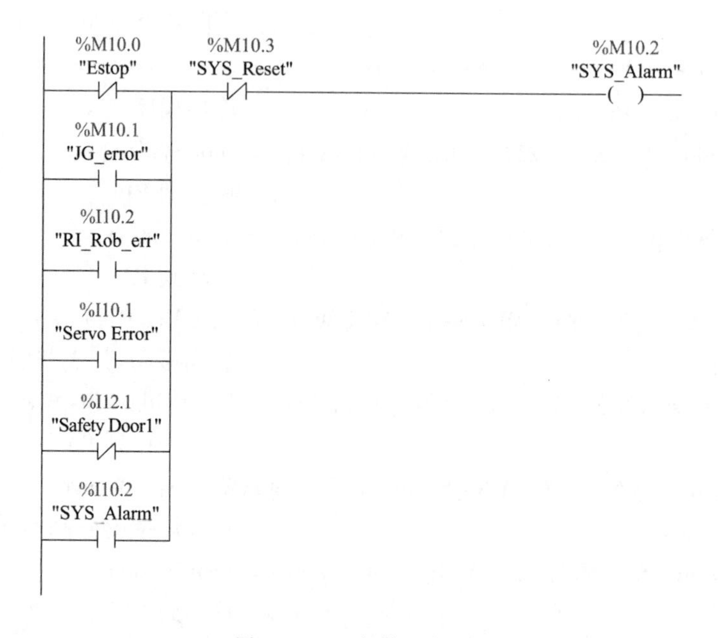

图 4-50　PLC 报警汇总程序

工作实施

引导问题 1：根据任务书，说明哪些情况会产生报警？

引导问题 2：怎样操作才能出现报警现象？

引导问题 3：怎样进行报警处理程序的调试？

拓展思考题

除了程序中提及的异常情况，焊接工作站还有哪些情况有可能需要报警？

学习情境二　工业机器人工作站上电调试	任务4　通用设备上电调试	页码:
姓名:　　　　　　　班级:	日期:	

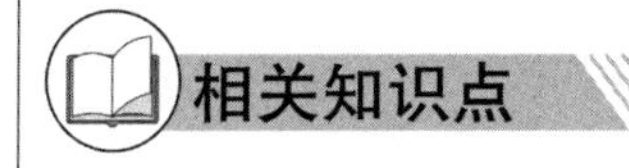

知识点1:机器人焊接工作站常见的故障

机器长期使用,总会发生故障,下面总结一下焊接机器人工作站常见的故障。

1. 硬件故障

电气元件如继电器、开关、熔断器等失效,将会引起焊接机器人工作站的硬件故障,硬件故障往往与上述元件的质量、性能与工作环境等因素有关。长时间的工作运动也会引起连接机器人本体的电缆或电线发生疲劳破损而引发线路故障。这类硬件方面的故障一旦发生,排查发生故障的元器件便非常困难,而且,必须对失效或破损的元器件进行维修或更换。

2. 软件故障

软件故障一般是指程序编辑软件的系统模块内的数据丢失、错误或者是焊接机器人整个操作系统的配置出现错误的设定参数造成机器人系统无法正常进行编程或无法正常地自动化运行工作,甚至操作系统无法启动的故障。对于这类故障,只需要根据机器人提示的故障报警信息,找出错误源后重新配置系统参数,再重新启动就可以将故障排除。

3. 编程和操作错误引起的故障

编程和操作错误引起的故障不属于系统软件故障,所以不需要对操作系统进行特殊的处理,只需要根据系统所报出的错误信息找到相应的程序段进行修改后就可以正常工作。例如焊接机器人的编程人员在编程过程中没有考虑到手动编程中的运动速度问题,自动运行程序时就会由于机器人关节运动速度过快造成惯性力大触发机器人的自动保护程序而造成停机事故。

知识点2:焊接故障案例及维修处理方法

1. 故障案例1

故障现象:机器人焊接工作站焊机不送丝。

故障处理方法(流程):①检查焊机是否处于打开状态;②检查送丝系统能否顺畅运行,检查有无堵丝。

2. 故障案例2

故障现象:焊接时不起弧。

故障处理方法(流程):①检查焊机是否处于打开状态;②检查水箱是否处于打开状态;③检查送丝系统能否顺畅运行,检查有无堵丝;④检查机器人是否打开“正常焊接”;⑤检查控制方式是否设置为JOB号远控;⑥检查起弧点导电情况是否良好。

3. 故障案例3

故障现象:工作站不执行自动流程。

故障处理方法(流程):①检查机器人是否设置为顺控流程;②检查水箱是否处于打开状态;③检查主操作台是否设置为“自动”方式。

学习情境二　工业机器人工作站上电调试	任务4　通用设备上电调试	页码：
姓名：　　班级：	日期：	

4. 故障案例4

故障现象：工作站出现堵丝。

故障处理方法（流程）：①将机器人关闭，使其处于暂停状态；②将堵丝位置清理干净；③检查无误后启动机器人；④如果仍然遇到送丝不顺畅的情况，请及时更换送丝管、导丝管等部件，并检查送丝机的送丝轮，若压力过小会影响送丝效果，而压力过大则会伤害焊丝表面，影响引弧的稳定程度。

5. 故障案例5

故障现象：机器人的焊枪喷嘴过热或松动。

故障处理方法（流程）：①机器人喷嘴出现过热的情况一般都是由于喷嘴没有拧紧，从而导致热量无法顺利传导至枪颈。出现此状况一般是由于焊枪在使用一段时间之后，枪颈前端螺纹磨损导致不能拧紧。所以，建议在每次拧下喷嘴的时候要清理，喷嘴座和喷嘴螺纹里的焊渣。注意及时更换新的喷嘴，这样可以减少枪颈的螺纹磨损，延长焊枪的使用寿命。②在重工行业或大电流焊接持续时间较长的工作环境之下，因为极端情况损耗较大，所以必须使用特制耗材才能够确保故障较少发生。

6. 故障案例6

故障现象：机器人焊枪集成电缆出现漏水。

故障处理方法（流程）：①出现此问题通常使由于焊枪枪颈与电缆没有对正拧紧，从而导致了接触面漏水。而且此时容易在枪颈和电缆法兰之间打火导致法兰烧损，从而引起整只焊枪报废，需要特别注意。②水箱水路堵塞导致了水流量过低，从而烧损电缆。出现此种情况时必须及时检测故障原因，检查回水管处流量是否达到1.2L/min以上。此时需要注意的是，集成电缆内部的塑料、橡胶管耐温极限值为70°，如果水管流量不足会导致水温上升过快，从而导致电缆损坏。对此情况，建议焊接时密切观测焊枪内流量和温度，当出现水流报警信号时，立刻对其进行处理。③最后一种导致机器人焊枪集成电缆出现漏水的原因是电缆接头或水管卡箍松动，当机器人集成电缆内部的接头或卡箍在长时间使用出现松动现象后，请及时拆开电缆前后的手柄进行重新紧固。如果发现动力电缆损坏，请及时送返原厂进行维修。

7. 故障案例7

故障现象：防撞传感器出现损坏。

故障处理方法（流程）：将机器人内部设定的“夹爪断裂”改为无效，以低速点动机器人脱离目前的危险姿态，然后再将“夹爪断裂”警报恢复为有效。

8. 故障案例8

故障现象：卡盘无法夹紧。

故障处理方法（流程）：用行车等手段使工件旋转一定角度，使顶住V形槽的键远离V形槽。需注意的是，在一次卡盘夹紧之后，应将电动卡盘夹紧数次，以确保夹紧到位，防止旋转后跑位。

学习情境二　工业机器人工作站上电调试	任务4　通用设备上电调试	页码：
姓名： 班级： 日期：		

9. 故障案例9

故障现象：枪颈被电弧击穿从而导致漏水。

故障处理方法(流程)：①增加自动清枪频率，并且及时用人工手动方式对残留在分流器及枪颈根部的细小飞溅进行清理，同时也需注意清理黏结在喷嘴上的牢固飞溅，如果无法清除，请及时更换以免造成更大损失。②一定要及时更换损坏的分流器以及防飞溅套，这两个配件是阻止飞溅进入喷嘴根部形成短路的有效屏障。

评价反馈

(1)学生进行自评，评价自己是否能够完成通用设备上电测试的学习，并填写完成表4-16。

学生自评表　　表4-16

班级：	姓名：	学号：	
学习情境二	任务4　通用设备上电调试		
评价项目	评价标准	分值	得分
输入信号输出信号判断	能对输入端的开关、按钮及传感器进行操作，判断PLC输入信号有无，对PLC的输出端进行强制输出，观察对应输出设备的动作	10	
会调试安全程序	进行在线调试	10	
机器人、变位机、PLC通信程序调试	正确下载并调试，实现机器人、变位机运行	10	
会调试手动、自动程序	进行在线调试	10	
利用示教器进行点位示教	正确利用示教器进行各点位示教	10	
找到对应报警设备	能找出工作站实物中对应的报警设备	10	
工作态度	态度端正，无无故缺勤、迟到、早退现象	8	
工作质量	能按计划完成工作任务	8	
协调能力	与小组成员、同学之间能合作交流，协调工作	8	
职业素质	能做到安全操作，保护环境，爱护公共设施	8	
创新意识	能通过查阅资料更好地理解图纸内容	8	
总分		100	

(2)学生以小组为单位进行互评，填写完成表4-17。

学习情境二　工业机器人工作站上电调试	任务4　通用设备上电调试	页码：
姓名：	班级：	日期：

学生互评表

表4-17

学习情境二		任务4　通用设备上电调试													
评价项目	分值	等级								评价对象(组别)					
										1	2	3	4	5	6
计划合理	5	优	5	良	4	中	3	差	2						
方案准确	5	优	5	良	4	中	3	差	2						
团队合作	10	优	10	良	8	中	6	差	4						
组织有序	10	优	10	良	8	中	6	差	4						
工作质量	10	优	10	良	8	中	6	差	4						
工作效率	10	优	10	良	8	中	6	差	4						
工作完整	10	优	10	良	8	中	6	差	4						
工作规范	10	优	10	良	8	中	6	差	4						
识读报告	10	优	10	良	8	中	6	差	4						
成果展示	20	优	20	良	16	中	12	差	8						
合计	100														

(3)教师对学生工作过程与工作结果进行评价,填写完成表4-18。

教师评价表

表4-18

班级：		姓名：	学号：	
学习情境二		任务4　通用设备上电调试		
评价项目		评价标准	分值	得分
考勤(10%)		无迟到、早退、旷课现象	10	
工作过程(60%)	输入信号、输出信号判断	对输入端的开关、按钮及传感器进行操作,判断PLC输入信号有无,对PLC的输出端进行强制输出,观察对应输出设备的动作	6	
	会调试安全程序	正确进行在线调试	6	
	机器人、变位机、PLC通信程序调试	正确下载并调试,实现机器人、变位机运行	6	
	会调试手动、自动程序	正确进行在线调试	6	
	利用示教器进行点位示教	能利用示教器进行各点位示教	6	
	找到对应报警设备	能找出工作站实物中对应的报警设备	6	
	工作态度	态度端正,无无故缺勤、迟到、早退现象	5	

学习情境二　工业机器人工作站上电调试	任务4　通用设备上电调试	页码：
姓名：　　班级：	日期：	

续上表

评价项目		评价标准	分值	得分
工作过程（60%）	工作质量	能按计划完成工作任务	5	
	协调能力	与小组成员、同学之间能合作交流，协调工作	5	
	职业素质	能做到安全操作、保护环境、爱护公共设施	5	
	创新意识	能通过查阅资料更好地理解图纸内容	4	
项目成果（30%）	工作完整	能按时完成任务	10	
	工作规范	能按规范要求完成任务	10	
	成果展示	能准确表达、汇报工作成果	10	
合计			100	

综合评价	学生自评（20%）	小组互评（30%）	教师评价（50%）	综合得分

学习情境二　工业机器人工作站上电调试	任务 5　特殊功能调试	页码：
姓名：　　　　班级：	日期：	

任务 5　特殊功能调试

如图 5-1 所示,特殊功能调试包括 HMI 组态程序调试和焊接参数调试。

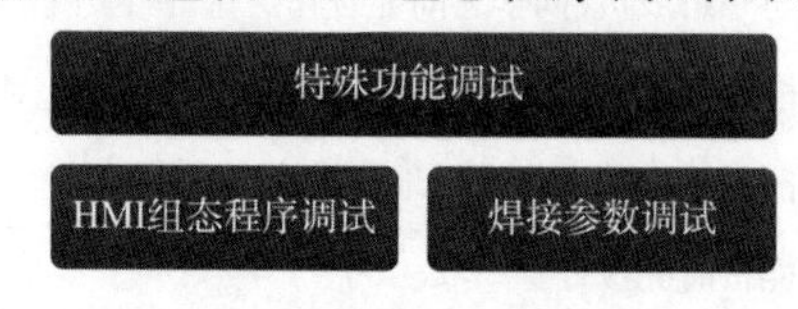

图 5-1　特殊功能调试内容

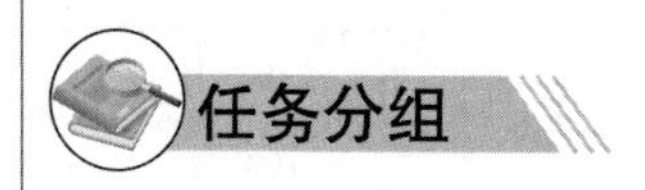

任务分组

按要求填写学生分组表(表 5-1)。

学 生 分 组 表　　　　表 5-1

<table>
<tr><td>班级</td><td></td><td>组号</td><td></td><td>指导教师</td><td></td></tr>
<tr><td>组长</td><td></td><td>学号</td><td colspan="3"></td></tr>
<tr><td>组员</td><td colspan="5">
<table>
<tr><td>姓名</td><td>学号</td><td>姓名</td><td>学号</td></tr>
<tr><td></td><td></td><td></td><td></td></tr>
<tr><td></td><td></td><td></td><td></td></tr>
<tr><td></td><td></td><td></td><td></td></tr>
<tr><td></td><td></td><td></td><td></td></tr>
</table>
</td></tr>
<tr><td>任务分工</td><td></td><td></td><td></td><td></td><td></td></tr>
</table>

任务 5.1　HMI 组态程序调试

弧焊机器人工作站运行时,通常通过 HMI(Human Machine Interface,人机界面)进行运行状态的调试。

HMI 界面上有关于焊接工艺参数的输入及焊接变位机的控制,要实现焊接工作的人机界面控制,就需要进行 HMI 组态程序调试,保证运行过程正确。

分析图 5-2 所示 HMI 界面中相关按钮、数据框对应变量,在 PLC 程序中找到相关挂接变量,知道其含义,并进行离线和在线调试。

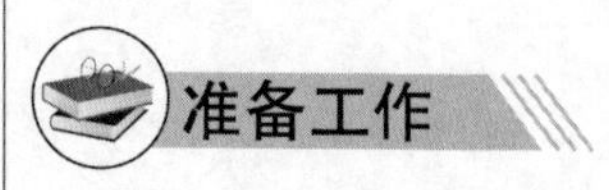

准备工作

(1)能够熟练利用博图软件打开、关闭相关 HMI 程序。

学习情境二　工业机器人工作站上电调试	任务5　特殊功能调试	页码：
姓名：　　　班级：	日期：	

(2)能够利用WINCC进行简单的HMI界面设计。

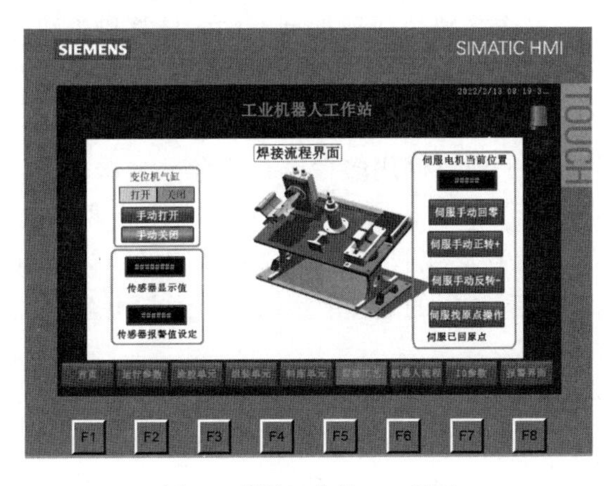

图5-2　焊接工作站HMI界面

工作实施

引导问题1：根据任务书，说明HMI中相关按钮、输入框等挂接了哪些变量？

引导问题2：怎样在PLC程序中找出HMI界面中相关按钮、输入框变量？

引导问题3：怎样进行HMI组态程序调试？

拓展思考题

HMI组态程序调试有哪些步骤？

相关知识点

知识点1：WINCC软件的组态过程

第一步，首先启动WinCC，建立一个新的WinCC项目，项目分为三种类型：

(1)单用户项目。

这是一种只拥有一个操作终端的项目类型。在此计算机上可以完成组态、与过程总线的连接以及项目数据的存储。

(2)多用户项目。

多用户项目的特点是同一项目使用多台客户机和一台服务器。在此最多可有 16 台客户机访问一台服务器。多用户项目可以在服务器或任意客户机上进行组态。项目数据,如画面、变量和归档,最好存储在服务器上,并且使它们能被所有客户机使用。服务器执行与过程总线的连接和过程数据的处理。运行系统通常由客户机控制。

(3)多客户机项目。

多客户机项目是一种能够访问多个服务器数据的项目类型。每个多客户机和相关的服务器都拥有自己的项目。在服务器或客户机上完成服务器项目的组态;在多客户机上完成多客户项目的组态。运行时,多客户机能访问至多 6 个服务器。也就是说,6 个不同的服务器的数据可以在多客户机上的同一幅画面中可视化显示。

不同的项目类型之间可以切换,在此我们选择单用户项目。在标签管理器中选择添加 PLC 驱动程序,由于本系统要建立一个 PROFIBUS 网络,所以选择支持 S7 协议的通信驱动程序"SIMATIC S7 Protocol Suite. CHN",在其中的"PROFIBUS"下连接 S7-1200,要设置节点名、MPI 地址等参数 CONTROL ENGINEERING China 版权所有,而且 MPI 地址必须与 PLC 中设置的相同。

第二步,在组态完的 S7-1200 下设置标签,每个标签有 3 个设置项,即标签名、数据类型和地址,其中最重要的是标签地址控制工程网版权所有,它定义了此标签与 S7-1200 中某一确定地址如某一输入位、输出位或中间位等一一对应的关系。设置标签地址很容易,可以直接利用在 STEP7 中配置的变量表,如设置标签地址为 Q0.0,表示 S7-1200 中输出地址为 Q0.0。用此方法,将 S7-1200 与 WinCC 之间需要通信的数据做成标签,即相当于完成了 S7-1200 与 WinCC 之间的连接。

第三步,在图形编辑器中,用基本元件或图形库中对象制作生产工艺流程监控画面,并将变量标签与每个对象连接,也就相当于画面中各个对象与现场设备相连,从而可在 CRT 画面上监视、控制现场设备。

知识点 2:WinCC 中的画面模板应用实例及其组态实现方法

1. 画面模板的意义

在实际工程应用和 WinCC 画面组态中,经常会遇到一些功能类似、画面布局基本没差别的情况。比如,电机的启停控制和动态数据监控画面,如图 5-3 所示。一个成熟的工业现场,可能有数十台电机甚至上百台电机需要在 HMI 画面上进行组态,若对每一台电机都单独绘制一个画面,则一方面劳动强度太大,另一方面也显得过于笨拙。

画面模板就是用来解决这类重复性工作的。对于工业现场的诸多电机或其他被控对象,只要其在 HMI 上的表现形式没有太多差别,我们只需绘制一幅画面,实际 WinCC 运行中，根据被控对象实时与之进行对应即可。

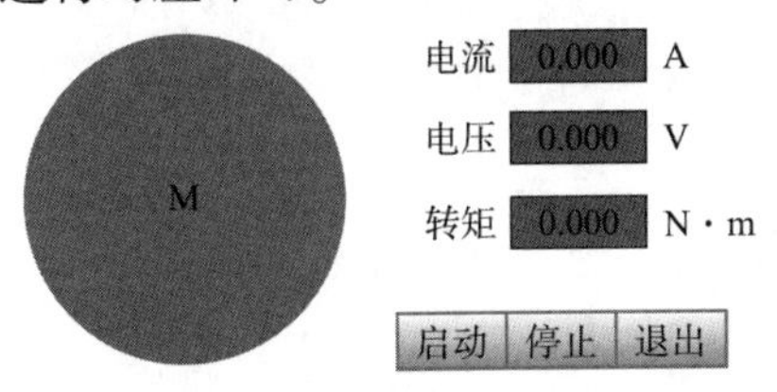

图 5-3 电机启停控制画面

2. 结构变量

画面模板的实现办法之一就是利用结构变量。图 5-3 所示的电机控制画面中，共包含电流、电压、转矩以及启停信号四个变量，将它们声明成名为“motor”的结构变量，如图 5-4 所示。

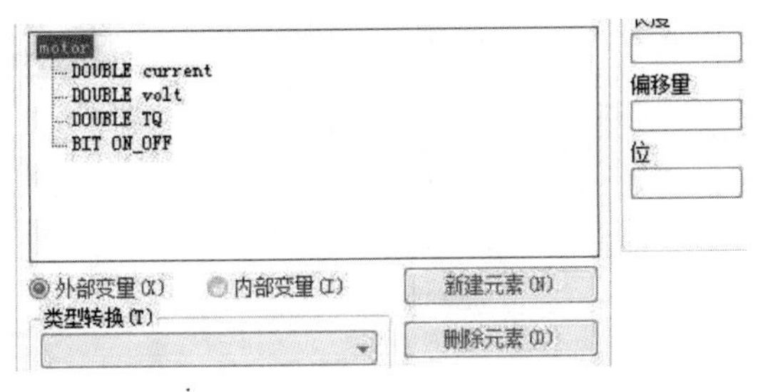

图 5-4 结构变量 motor

为方便仿真运行，这里将 motor 的元素都声明为内部变量，并建立 3 个该结构变量的实例，如图 5-5 所示。

motor1.current	浮点数 64 位 IEEE 754
motor1.volt	浮点数 64 位 IEEE 754
motor1.TQ	浮点数 64 位 IEEE 754
motor1.ON_OFF	二进制变量
motor2.current	浮点数 64 位 IEEE 754
motor2.volt	浮点数 64 位 IEEE 754
motor2.TQ	浮点数 64 位 IEEE 754
motor2.ON_OFF	二进制变量
motor3.current	浮点数 64 位 IEEE 754
motor3.volt	浮点数 64 位 IEEE 754
motor3.TQ	浮点数 64 位 IEEE 754
motor3.ON_OFF	二进制变量

图 5-5 结构变量 motor 的 3 个实例

3. 绘制画面模板并关联变量

在 WinCC 的“图形编辑器”里新建一幅 320×200 的画面，命名为“电机. pdl”，并按照图 5-3 的布局布置画面对象。然后，进行对象的属性和动作配置。

(1)电流、电压、转矩三个输入/输出框关联变量。

按图 5-6、图 5-7 所示的步骤关联变量。需要注意的是，由于画面模板对应的是结构变量，而非实例，因此，在关联变量过程中，要将变量前缀删掉，这样，画面模板中关联的才是结构变量 motor，而非其中一个实例。

学习情境二　工业机器人工作站上电调试	任务 5　特殊功能调试	页码：
姓名：　　　　　　班级：	日期：	

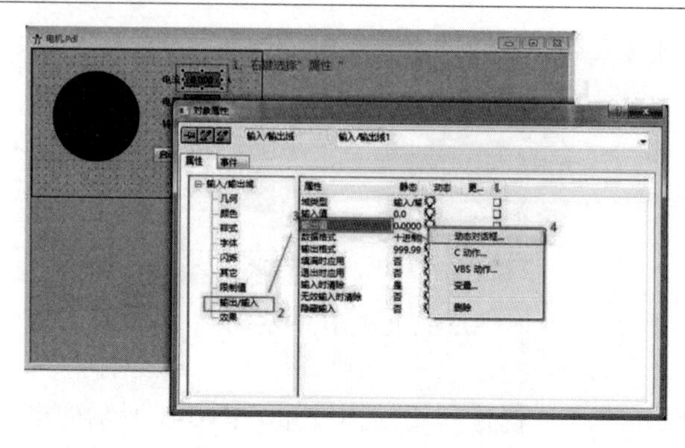

图 5-6　输入/输出框关联变量

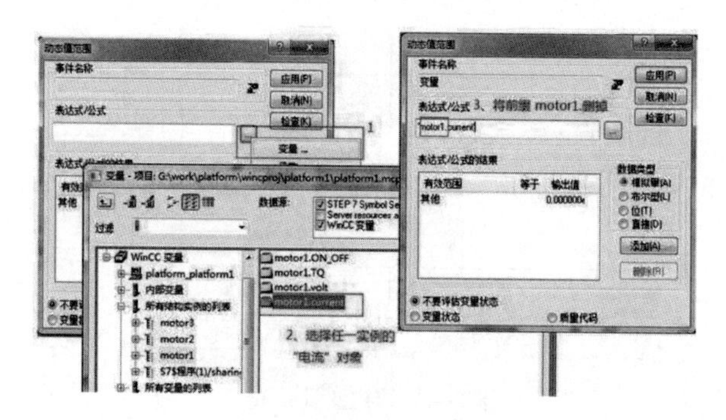

图 5-7　输入/输出框关联变量

删掉前缀后，关联变量时，会弹出图 5-8 所示的报错信息，这里暂时点击忽略即可。关联变量后，输出值对应的动态属性会出现一个红色的闪电标识，证明变量关联成功，如图 5-9 所示。

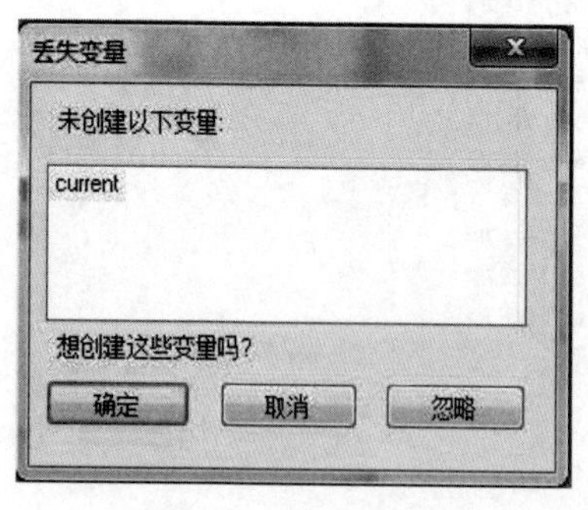

图 5-8　"丢失变量"报错

图 5-9　红色闪电表示变量关联完成

（2）配置"启动""停止"以及"退出"按钮的动作。

图 5-10 所示为配置"启动"按钮动作，其他按钮同理。

（3）配置电机图标的颜色属性。

如图 5-11 所示，电机图标配置为运行时，即"ON_OFF = 1"时，显示为绿色；停止时，即"ON_OFF = 0"时，显示为蓝色。

学习情境二　工业机器人工作站上电调试	任务5　特殊功能调试	页码：
姓名：	班级：	日期：

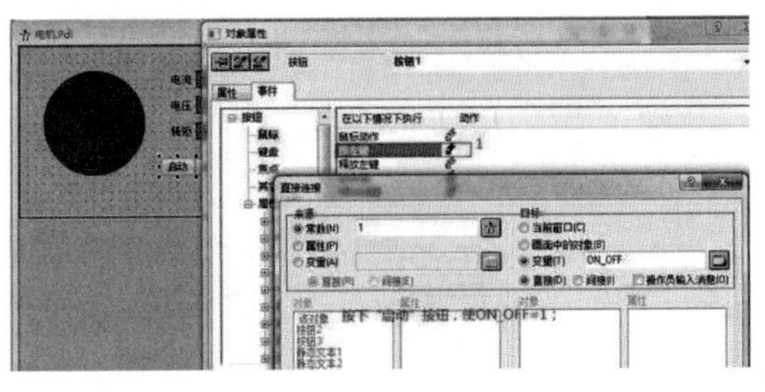

图5-10　配置“启动”按钮动作

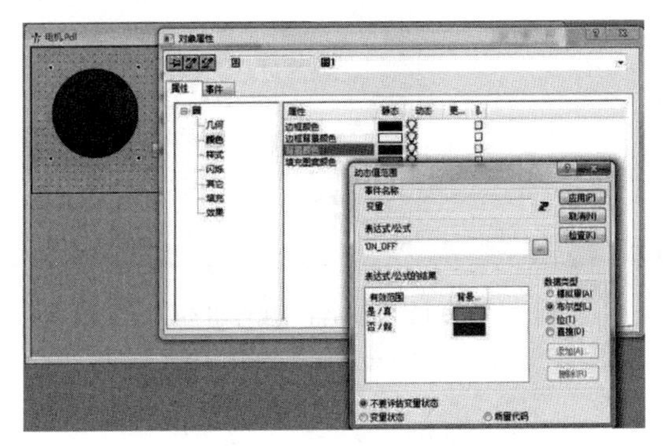

图5-11　电机图标颜色配置

4.画面模板应用

按照图5-12～图5-14编辑应用画面。需要注意以下几点：

(1)3台电机实例的画面维护在同一个画面窗口中，通过不同的按钮来切换，因此，画面窗口的画面名称填入模板“电机.pdl”即可。

(2)画面窗口仅在按下按钮后显示，所以画面窗口“显示”的静态属性设置为“不显示”。然后，在每个按钮的鼠标左键释放事件中，触发其“显示”，如图5-14所示。

(3)每个按钮在响应鼠标左键按下的事件中，将各自关联的结构变量motor的实例(如motor1)，传递给画面窗口的“变量前缀”属性中。注意，传递的前缀要带“.”，即传递的是“motor1.”，而不是“motor”。

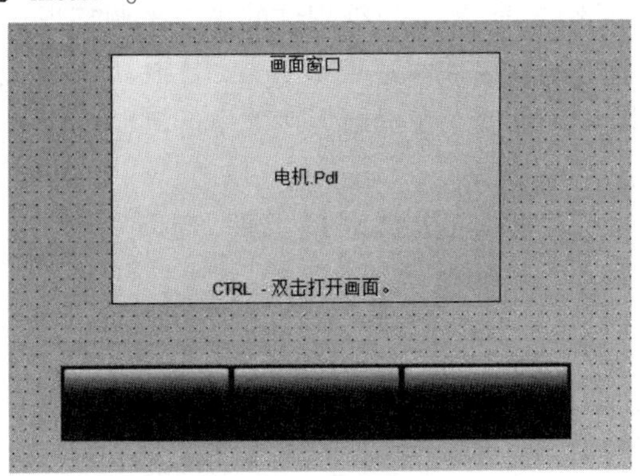

图5-12　画面模板应用

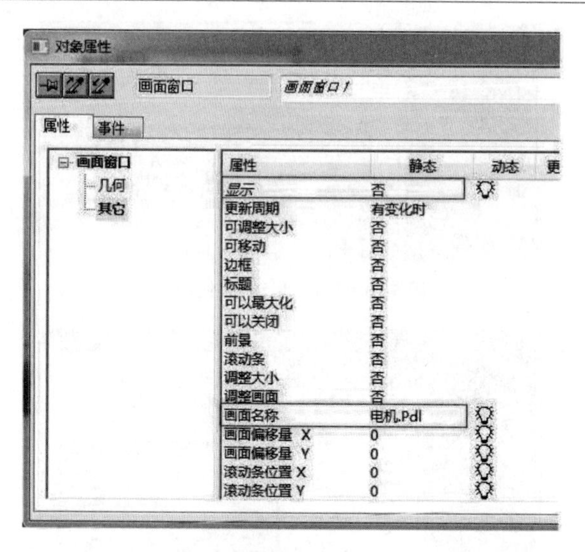

图 5-13　画面窗口属性组态

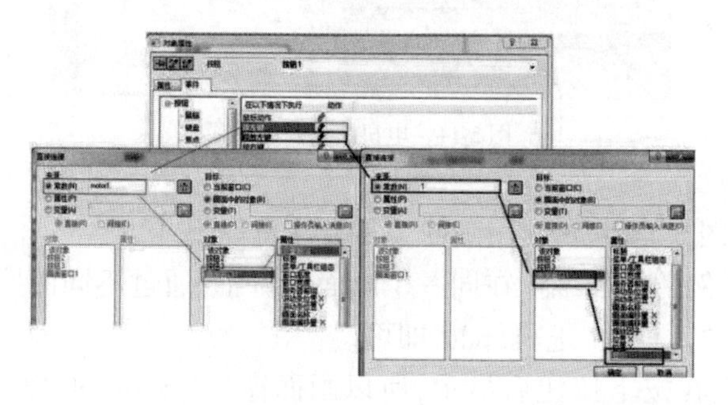

图 5-14　按钮动作组态

任务 5.2　焊接参数调试

在操作焊接机器人工作之前，需要根据焊件的规格来调整焊接参数，帮助稳定焊接质量，焊接机器人的焊接参数主要包括焊接电流、焊接电压、焊接电源种类、焊接速度等，设置好焊接参数，可以帮助焊接机器人在提高焊接效率的同时稳定焊接质量，明确产品的生产周期。

分析图 5-15 中焊接工艺参数，根据焊接工件，查阅资料，进行焊接参数的设置和调试。

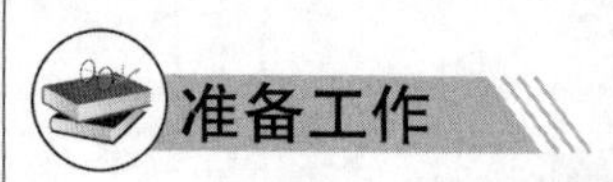

准备工作

（1）能够熟练操作焊机。

（2）能够对焊接参数进行调试。

学习情境二　工业机器人工作站上电调试	任务5　特殊功能调试	页码：
姓名：　　班级：	日期：	

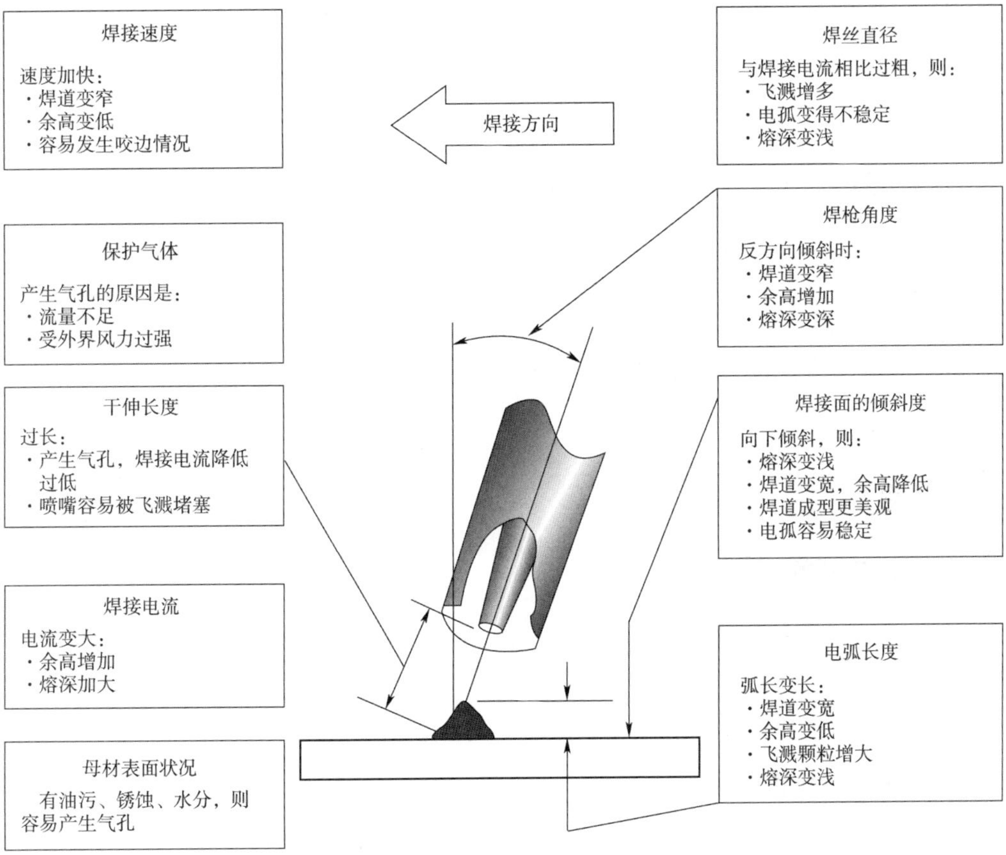

焊接速度

速度加快：
- 焊道变窄
- 余高变低
- 容易发生咬边情况

焊接方向

焊丝直径

与焊接电流相比过粗，则：
- 飞溅增多
- 电弧变得不稳定
- 熔深变浅

保护气体

产生气孔的原因是：
- 流量不足
- 受外界风力过强

焊枪角度

反方向倾斜时：
- 焊道变窄
- 余高增加
- 熔深变深

干伸长度

过长：
- 产生气孔，焊接电流降低

过低
- 喷嘴容易被飞溅堵塞

焊接面的倾斜度

向下倾斜，则：
- 熔深变浅
- 焊道变宽，余高降低
- 焊道成型更美观
- 电弧容易稳定

焊接电流

电流变大：
- 余高增加
- 熔深加大

电弧长度

弧长变长：
- 焊道变宽
- 余高变低
- 飞溅颗粒增大
- 熔深变浅

母材表面状况

有油污、锈蚀、水分，则容易产生气孔

图5-15　CO2/MAG焊接的工艺参数

工作实施

引导问题1：焊接电流对焊接质量有哪些影响？应根据哪些焊接条件选定相应的焊接电流？

____

____

____

引导问题2：焊接电压对焊接质量有什么影响？

____

____

____

学习情境二　工业机器人工作站上电调试	任务5　特殊功能调试	页码：
姓名：　　　班级：	日期：	

引导问题3：焊接速度过快，会出现什么后果？

引导问题4：焊接速度过慢，会出现什么后果？

引导问题5：干伸长度为什么要求严格？

拓展思考题

焊接机器人的调试流程是怎样的？

相关知识点

知识点1：焊接机器人调试流程

焊接机器人在焊接工作开始前进行调试工作，可以减少焊接缺陷的产生，也能保证后续的焊接工作稳步进行。如果不进行调试工作，就开始量产，在工作中出现困难还会再停工修正，不仅拖慢生产进程，还会增加企业的生产成本。所以，进行调试工作是较为重要的。

焊接机器人的调试流程如下：

(1)在示教模式下，以手动的方式完整地运行一次作业程序，确保过程中不存在危险源。

(2)开启焊机电源，并调整好保护气体的流量，开始自动焊接。

(3)首道焊缝焊完后，应停止运行中的程序，观察焊缝质量，看工艺参数是否合理，如需要，则应对工艺参数进行微调，之后继续焊接。一般经过2~3次调整后，焊缝质量就能达到预期的效果。

(4)在焊接完成后，对焊接完成的工件进行检查，如果产品合格就可以进行量产操作，这样可以在后续的生产中稳定焊接质量，也能保证生产效率。

(5)当出现焊接缺陷的情况时，焊接机器人会发出报警信号，操作人员可以根据报警型号进行排除，以解决问题。

学习情境二 工业机器人工作站上电调试	任务5 特殊功能调试	页码：
姓名： 班级：	日期：	

(6)焊接过程中,应随时观察保护气体、焊丝的剩余量,如不足应立即停止运行中的机器人,进行更换。

(7)焊接机器人的示教器上有一个急停按钮,在焊接过程中出现误操作或者出现焊接缺陷都可以按下急停按钮,对焊接参数以及工件进行检修,及时止损。

知识点2:焊接机器人的焊接参数

焊接参数包括焊接速度、焊接电流、电压、机械臂摆动幅度、焊接方向等的设置,合适的焊接参数可以提高焊接的稳定性,使得实际生产的焊接效益事半功倍。

(1)焊接速度的选择。自动焊接机器人的焊接速度需要根据企业生产线的速度和工件的参数来进行设置,在保证焊接质量稳定的情况下实现较快的焊接速度。

(2)焊接电流和电压。设置焊接电流和电压的大小,电流和电压的大小和焊缝熔深与熔宽有关,所以操作人员需要了解好焊缝的焊接要求来进行调节,焊接中厚板时,焊接电压宜选择在30~34V之间,电流宜设定在300~320A之间。

(3)焊接方向。自动焊接机器人会根据焊接方向的设定来进行焊接,在设置时有两种焊接方向:一种是前进法,即电弧不直接作用在工件上,而是推着熔池走;另一种是后退法,即电弧直接作用在工件上,"躲"着熔池走,这两种焊接方向根据实际情况进行设定。

(4)焊接角度。在正视图的时候,焊枪与工件进行垂直焊接;在侧视图的时候,焊枪可以适当倾斜,这样能够保证焊渣飞溅小、焊缝熔深较大。

(5)干伸长度。焊接过程中,保持焊丝干伸长度不变是保证焊接过程稳定性的重要因素之一。

干伸长度过长时,气体保护效果不好,易产生气孔,引弧性能差,电弧不稳,飞溅加大,熔深变浅,成形变坏;干伸长度过短时,容易看不清电弧,喷嘴易被飞溅物堵塞,飞溅加大,熔深变深,焊丝易与导电嘴粘连。焊接电流一定时,干伸长度的增加,会使焊丝熔化速度增加,但电弧电压下降,电流减小,电弧热量减少。

评价反馈

(1)学生进行自评,评价自己是否能够完成特殊功能调试的学习,并填写完成表5-2。

学生自评表

表5-2

班级：	姓名： 学号：		
学习情境二	任务5 特殊功能调试		
评价项目	评价标准	分值	得分
读懂HMI组态程序	正确说明界面中按钮、输入框等挂接的变量	10	
会调试HMI程序	正确进行在线调试	10	
理解焊接参数含义	正确说明哪些焊接参数对焊接质量有影响,有什么样的影响	10	
操作焊机	能说出焊接系统中每个部分的名称、功能	10	

学习情境二　工业机器人工作站上电调试	任务 5　特殊功能调试	页码：
姓名：　　　班级：	日期：	

续上表

评价项目	评价标准	分值	得分
参数调整	能根据焊接结果进行对应参数调整	10	
工作态度	态度端正,无无故缺勤、迟到、早退现象	10	
工作质量	能按计划完成工作任务	10	
协调能力	与小组成员、同学之间能合作交流,协调工作	10	
职业素质	能做到安全操作、保护环境、爱护公共设施	10	
创新意识	能通过查阅资料更好地理解图纸内容	10	
总分		100	

(2)学生以小组为单位进行互评,填写完成表 5-3。

学生互评表　　表 5-3

学习情境二		任务 5　特殊功能调试													
评价项目	分值	等级								评价对象(组别)					
										1	2	3	4	5	6
计划合理	5	优	5	良	4	中	3	差	2						
方案准确	5	优	5	良	4	中	3	差	2						
团队合作	10	优	10	良	8	中	6	差	4						
组织有序	10	优	10	良	8	中	6	差	4						
工作质量	10	优	10	良	8	中	6	差	4						
工作效率	10	优	10	良	8	中	6	差	4						
工作完整	10	优	10	良	8	中	6	差	4						
工作规范	10	优	10	良	8	中	6	差	4						
识读报告	10	优	10	良	8	中	6	差	4						
成果展示	20	优	20	良	16	中	12	差	8						
合计	100														

(3)教师对学生工作过程与工作结果进行评价,填写完成表 5-4。

教师评价表　　表 5-4

班级：		姓名：	学号：	
学习情境二		任务 5　特殊功能调试		
评价项目		评价标准	分值	得分
考勤(10%)		无迟到、早退、旷课现象	10	
工作过程(60%)	读懂 HMI 组态程序	正确说明界面中按钮、输入框等挂接的变量	7	
	会调试 HMI 程序	正确进行在线调试	7	

学习情境二　工业机器人工作站上电调试	任务5　特殊功能调试	页码：
姓名：　班级：	日期：	

续上表

评价项目		评价标准	分值	得分
工作过程（60%）	理解焊接参数含义	正确说明哪些焊接参数对焊接质量有影响，有什么样的影响	7	
	操作焊机	能说出焊接系统中每个部分的名称、功能	7	
	参数调整	能根据焊接结果进行对应参数调整	7	
	工作态度	态度端正，无无故缺勤、迟到、早退现象	5	
	工作质量	能按计划完成工作任务	5	
	协调能力	与小组成员、同学之间能合作交流，协调工作	5	
	职业素质	能做到安全操作、保护环境、爱护公共设施	5	
	创新意识	能通过查阅资料更好地理解图纸内容	5	
项目成果（30%）	工作完整	能按时完成任务	10	
	工作规范	能按规范要求完成任务	10	
	成果展示	能准确表达、汇报工作成果	10	
合计			100	

综合评价	学生自评（20%）	小组互评（30%）	教师评价（50%）	综合得分

学习情境三

工业机器人工作站试运行

学习情境三　工业机器人工作站试运行	任务6　工作站空运行与带件运行	页码：
姓名：　　　　班级：	日期：	

学习情境描述

现场设备安装完成、各项设备调试成功之后，需要对工作站各项功能进行检验，此时需要先空运行工作站，确认工作站动作节拍、工作站机器人工作路径无误，接着进行带件运行，即真实加工，加工完成后对加工零件进行工艺检测。

按照企业标准化操作流程对汽车车门焊接做空运行和带件运行操作，掌握其标准化操作程序。下图所示为某汽车车门焊接轨迹。

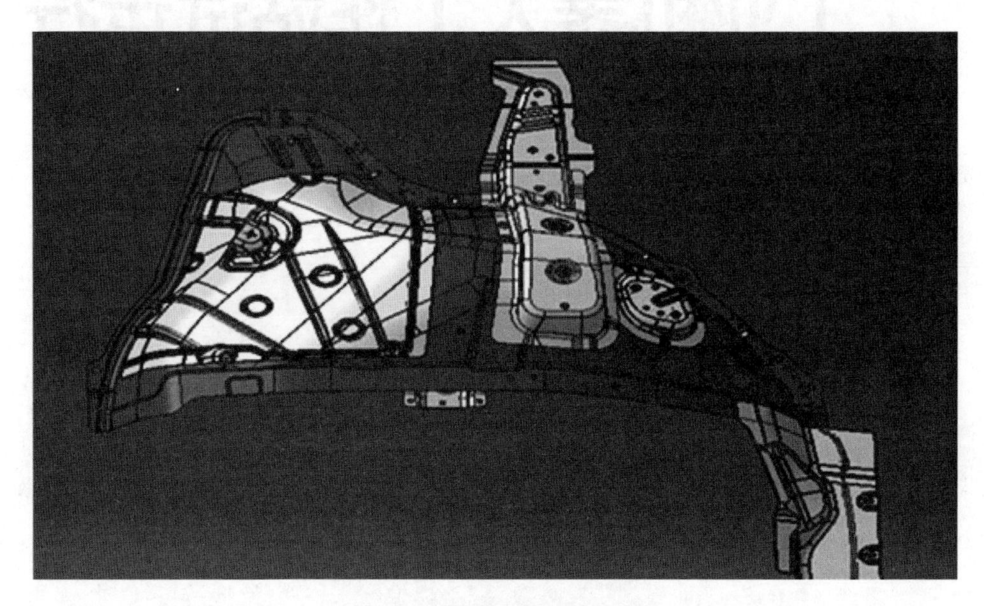

学习情景三图　某汽车车门焊接轨迹

学习目标

(1)了解工作站试运行的目的和意义。

(2)掌握工作站试运行的基本步骤。

(3)掌握焊接机器人工作站操作流程的编写规则。

任务6　工作站空运行与带件运行

任务书：某汽车生产厂家从公司定制了一套弧焊机器人工作站用于汽车车架的焊接。现该工作站已经设计完成并安装到位。通过前期手动和自动调试，该工作站基本功能已经可以实现。现公司现场技术人员需要根据该汽车生产厂家的需求，进行工作站试运行，包括工作站空运行和带件运行，对工作站进行最后的调试工作(图6-1)。

<table>
<tr><td colspan="2">学习情境三　工业机器人工作站试运行</td><td colspan="1">任务 6　工作站空运行与带件运行</td><td rowspan="2">页码：</td></tr>
<tr><td>姓名：</td><td>班级：</td><td>日期：</td></tr>
</table>

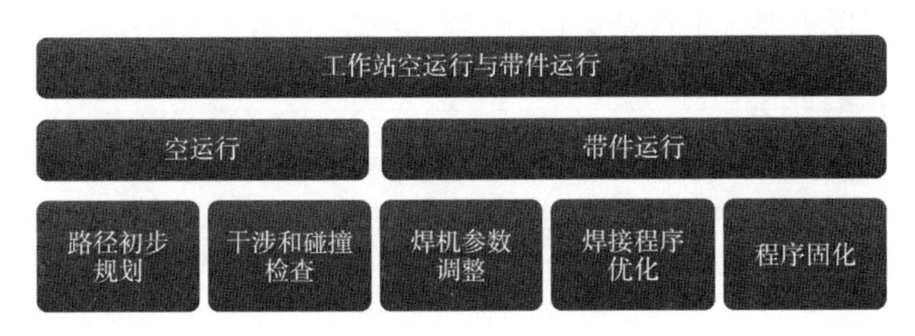

图 6-1　工作站空运行与带件运行任务

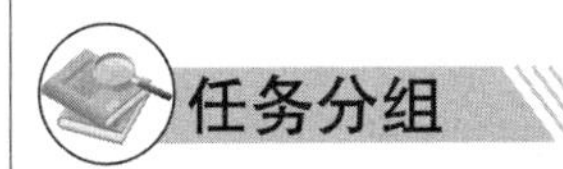

任务分组

按要求填写学生分组表(表 6-1)。

学 生 分 组 表　　　　表 6-1

<table>
<tr><td>班级</td><td></td><td>组号</td><td></td><td>指导教师</td><td></td></tr>
<tr><td>组长</td><td></td><td>学号</td><td colspan="3"></td></tr>
<tr><td>组员</td><td colspan="5">
<table>
<tr><td>姓名</td><td>学号</td><td>姓名</td><td>学号</td></tr>
<tr><td></td><td></td><td></td><td></td></tr>
<tr><td></td><td></td><td></td><td></td></tr>
<tr><td></td><td></td><td></td><td></td></tr>
<tr><td></td><td></td><td></td><td></td></tr>
</table>
</td></tr>
<tr><td>任务分工</td><td></td><td></td><td></td><td></td><td></td></tr>
</table>

准备工作

(1)阅读工作任务书。

(2)熟悉弧焊机器人工作站的基本安装和操作方法。

(3)掌握弧焊机器人工作站正常工作所需的所有条件。

(4)初步了解试运行工件焊接轨迹及焊接要求。

工作实施

引导问题 1：为什么要进行产品空运行与带件运行？

____

____

____

学习情境三　工业机器人工作站试运行	任务6　工作站空运行与带件运行	页码：
姓名：　　　　班级：	日期：	

引导问题2：焊接机器人工作站试运行主要是确定什么？

引导问题3：弧焊机器人工作站相关焊接参数有哪些？这些参数分别会对焊缝产生什么影响？

引导问题4：弧焊机器人工作站产品试运行过程中，有哪些是焊接工作站特有的内容？

引导问题5：如何记录弧焊机器人工作站产品试运行过程？

引导问题6：总结通用机器人工作站产品试运行的步骤。

拓展思考题

(1)工作站试运行应注意哪些问题？

(2)在工作站试运行过程中，哪些数据和结果需要记录、整理和保存？

相关知识点

知识点1：弧焊机器人工作站试运行过程重难点分析

弧焊机器人工作站产品试制的主要目的是确定机器人工作路径及焊机参数。

(1)空运行时，即在机器人路径初步规划好后，应不带工件单独运行几次，仔细观察机器人路径是否满足产品焊接要求以及机器人路径上是否存在干涉需要进一步调整。

路径规化好后试运行时，要特别注意路径上是否存在干涉和碰撞，焊枪与焊缝的角度关系是否满足弧焊焊接要求。

学习情境三 工业机器人工作站试运行	任务6 工作站空运行与带件运行	页码：
姓名： 班级：	日期：	

(2)带件运行后需要对焊缝进行认真检验,若符合要求,则说明机器人路径及焊机参数符合要求;若不符合要求,则需要根据焊缝情况调整机器人工作路径或给出焊机参数调节建议,直至最后焊缝焊接成功。

在焊机参数试制过程中应做好记录,积累经验,便于今后工作站的安装与调试。

(3)当路径和焊机参数都确认无误后,仍需反复多实践几次,确保针对该产品的焊接程序无误。

上述分析完全基于焊接机器人工作站,若所安装调试的机器人工作站应用于其他领域,则需要针对具体问题具体分析,确定机器人工作站在试制过程中哪些内容和参数是重点和难点,并针对重点和难点,合理规划试制步骤。

知识点2:弧焊机器人工作站产品试制程序步骤参考

(1)确定机器人焊接程序编写完毕。

(2)焊接机器人工作站空运行。

(3)空运行后调整机器人工作路径及姿态,直至空运行无误。

(4)带件运行,对焊接质量进行检验,提出修改意见。

(5)对焊接程序进行修改优化,重新试制。

(6)反复进行步骤(4)和(5),直到焊接质量合格。

(7)将程序固化,统一命名,便于后续调用。

(8)总结焊接参数,给出类似情况经验值。

知识点3:机器人工作站试运行步骤参考

(1)空运行初步确定机器人轨迹与姿态正确。

(2)根据工作任务确定与产品工艺相关的参数。

(3)带件运行。

(4)对带件运行过程进行记录并对结果进行检验,根据情况适当修改机器人路径、姿态及工作站相关参数。

(5)重新带件运行,直至试制产品符合工艺要求。

(6)将程序固化,统一命名,便于后续调用。

(7)填写产品试制总结报告,给出相关参数参考表格。

知识点4:机器人工作站产品试制过程记录表

按要求填写机器人工作站产品试制过程记录表(表6-2)。

机器人工作站产品试制过程记录表 表6-2

<table>
<tr><td rowspan="2">程序</td><td rowspan="4">机器人工作站
产品试制程序</td><td>文件</td><td></td></tr>
<tr><td>日期</td><td></td></tr>
<tr><td rowspan="2">1</td><td>版本</td><td></td></tr>
<tr><td>页码</td><td></td></tr>
</table>

学习情境三　工业机器人工作站试运行	任务6　工作站空运行与带件运行	页码：
姓名： 班级：	日期：	

续上表

1. 目的

[描述编写试制程序的目的]

2. 范围

[描述编写试制程序包含的项目或机器人工作站种类]

3. 权责

[描述试制过程中本公司各部门负责的内容]

4. 作业内容

[描述试制具体内容]

5. 作业过程记录

试制次数	相关参数	试制品检验结果	是否合格
1			
2			
3			
4			

6. 作业结论

[描述本次试制的结论。若有需要,给出第三方设备参数参考值]

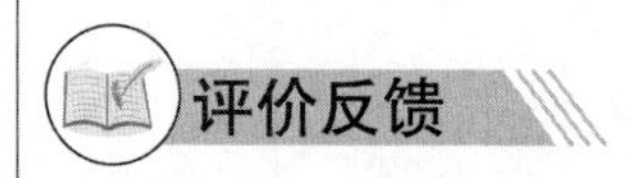

(1)学生进行自评,评价自己是否能够完成工作站空运行与带件运行的学习,并填写完成表6-3。

学 生 自 评 表　　表6-3

班级：	姓名： 学号：		
学习情境三	任务6　工作站空运行与带件运行		
评价项目	评价标准	分值	得分
工作站试运行目的及意义	明确工作站试运行目的及意义	15	
工作站试运行步骤	掌握工作站试运行的步骤	10	
工作站试运行注意事项	掌握工作站试运行的重点和难点,并有针对性地进行解决	25	
工作态度	态度端正,无无故缺勤、迟到、早退现象	10	
工作质量	能按计划完成工作任务	10	
协调能力	与小组成员之间能合作交流,协调工作	10	

学习情境三 工业机器人工作站试运行	任务 6 工作站空运行与带件运行	页码：
姓名： 班级： 日期：		

续上表

评价项目	评价标准	分值	得分
职业素质	能做到安全生产、文明施工、保护环境、爱护公共设施	10	
创新意识	针对同一产品，能够提出有效的改进措施；针对不同产品，能够快速指定产品试制流程	10	
总分		100	

(2)学生以小组为单位进行互评，填写完成表 6-4。

学 生 互 评 表

表 6-4

学习情境三		任务 6 工作站空运行与带件运行													
评价项目	分值	等级								评价对象(组别)					
										1	2	3	4	5	6
计划合理	8	优	8	良	7	中	6	差	4						
方案准确	8	优	8	良	7	中	6	差	4						
团队合作	8	优	8	良	7	中	6	差	4						
组织有序	8	优	8	良	7	中	6	差	4						
工作质量	8	优	8	良	7	中	6	差	4						
工作效率	8	优	8	良	7	中	6	差	4						
工作完成	10	优	10	良	8	中	7	差	5						
工作规范	16	优	16	良	12	中	10	差	6						
识读报告	16	优	16	良	12	中	10	差	6						
成果展示	10	优	10	良	8	中	7	差	5						
合计	100														

(3)教师对学生工作过程与工作结果进行评价，填写完成表 6-5。

教 师 评 价 表

表 6-5

班级：		姓名：	学号：	
学习情境三		任务 6 工作站空运行与带件运行		
评价项目		评价标准	分值	得分
考勤(10%)		无迟到、早退、旷课现象	10	
工作过程(60%)	工作站试运行步骤正确	工作站试运行步骤正确	20	
	工作站试运行注意事项	在工作站试运行中能有效解决出现的问题	20	

学习情境三　工业机器人工作站试运行	任务6　工作站空运行与带件运行	页码：
姓名：	班级：　　日期：	

续上表

评价项目		评价标准	分值	得分
工作过程（60%）	工作态度	态度端正，工作认真、主动	5	
	协调能力	与小组成员之间能合作交流，协调工作	5	
	职业素质	能做到安全生产、文明施工、保护环境、爱护公共设施	10	
项目成果（30%）	工作完整	能按时完成任务	10	
	工作规范	能按规范要求操作	10	
	成果展示	能准确表达，汇报工作成果	10	
合计			100	

综合评价	学生自评（20%）	小组互评（30%）	教师评价（50%）	综合得分

学习情境三 工业机器人工作站试运行	任务7 规划并编制标准操作流程	页码:
姓名:　　班级:	日期:	

任务7 规划并编制标准操作流程

任务书:规划并编制标准操作流程暨机器人工作站的标准作业程序。

本任务需要在前一任务试制成功的基础上对操作流程进行梳理,最终形成一份焊接机器人工作站标准操作流程(图7-1)。该操作流程需要满足以下要求:

(1)语言条理清晰,前后关联紧密,指向分明,不会产生歧义。

(2)使用祈使句,以操作人员视角进行编写,尽量避免使用被动句。

如:按下启动按钮。(√)

启动按钮被按下。(×)

使用扭力扳手上紧排空管到50in. lb。(√)

现在你可以将排空管上到50in. lb。(×)

(3)每一步操作应指明操作人、行动次数且设备名称统一完整。

(4)必要时需加入图片,让操作人员能够更加清晰理解。

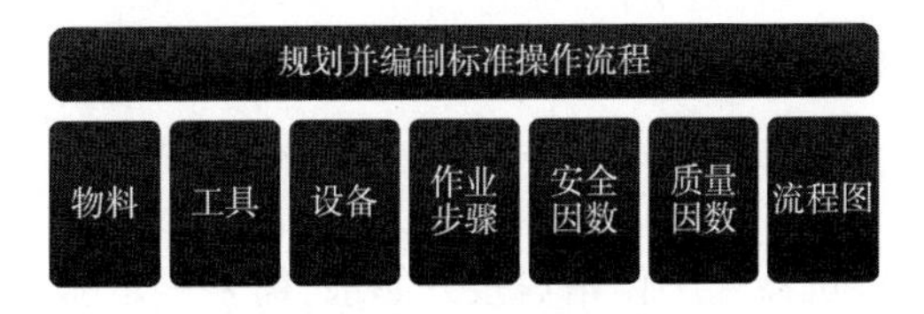

图7-1 编制标准操作流程

任务分组

按要求填写学生分组表(表7-1)。

学生分组表　　表7-1

班级		组号		指导教师	
组长		学号			
组员	姓名	学号	姓名	学号	
任务分工					

学习情境三　工业机器人工作站试运行	任务7　规划并编制标准操作流程	页码：
姓名： 班级：	日期：	

准备工作

(1)阅读工作任务书。
(2)熟悉产品试制流程和结论。
(3)对产品试制过程得到的参数和程序进行分类整理。

工作实施

引导问题1：在工作站被加工的零件如何装夹在夹具上？什么地方容易出现问题？

引导问题2：焊接机器人工作站上电开机操作是如何进行的？是否有严格的先后顺序？

引导问题3：弧焊焊接机器人工作站焊接开始前，需要设定哪些参数？

引导问题4：工作站处于什么状态时允许焊接程序启动？

引导问题5：在焊接过程中，什么地方容易出问题？

引导问题6：在焊接过程中，哪些因素会造成产品质量不合格？

学习情境三 工业机器人工作站试运行	任务7 规划并编制标准操作流程	页码：
姓名： 班级：	日期：	

引导问题7：为确保工作站随时处于可工作状态，关机后需要做什么？

引导问题8：操作人员交接班时，需要特别注意哪些问题？

引导问题9：能否用流程图将机器人焊接工作站操作流程表示出来？

拓展思考题

(1)编制标准操作流程需要注意哪些问题?

(2)思考在编制流程过程中，图、表的使用意义。

相关知识点

知识点1：标准作业程序

标准作业程序(Standard Operating Procedure，SOP)，是指将某一事件的标准操作步骤和要求以统一的格式描述出来，用于指导和规范日常的操作。SOP的精髓是将细节进行量化、流程化，通俗来讲，SOP就是对某一操作流程中的关键控制点进行细化和量化。实际执行过程中，SOP的核心是符合本企业并可执行的，可操作性强，不能流于形式。

标准作业程序具体如下几个特征：

(1)SOP是一种程序。SOP是对一个过程的描述，不是对一个结果的描述。同时，SOP既不是制度，也不是表单，是针对流程下面某个程序中关键控制点如何来规范的程序。

(2)SOP是一种作业程序。SOP是一种面向操作层面的程序，是具体可操作的，它不是理念上的东西。如果结合ISO 9000体系的标准，SOP是属于三阶文件，即作业性文件。

(3)SOP是一种标准作业程序。提起标准，便含有最优化的概念，不是随便记录下来、写出来的操作程序都可以称作SOP。SOP一定是经过长期不断的实践总结出来的，在当前条件下能够实现的最优化的程序操作步骤。说得更通俗一些，所谓的标准，就是竭尽所能地将所有操作步骤进行细化、量化和优化，而这里细化、量化和优化的结果又是在正常条件下大家都能理解又不会产生歧义的。

学习情境三　工业机器人工作站试运行	任务7　规划并编制标准操作流程	页码：
姓名：　　　　　　班级：	日期：	

知识点2：常见标准作业程序包含的内容

SOP包含的主要内容有以下七个部分。

(1)物料：在操作开始前必须确认好本工作站所需的物料和已经准备的物料是否一致、是否为合格品、物料数量是否正确。

(2)工具：每天到岗后需先对工具进行检查、校准，确保工具能够正常使用。

(3)设备：设备操作工必须经过岗前培训，合格后方可上岗。在设备开启前应先仔细阅读设备标准操作流程并检查设备各参数的设定值，确保本次操作无误。

(4)作业步骤：此部分是SOP的重点，必须简洁明了，让人一看就懂，一懂就会，一会就能生产出合格品。

(5)安全因素：任何设备操作都存在安全隐患，因此，在编写标准作业程序时必须明确提出操作的注意事项、检查项目和安全须知。

(6)质量因素：针对那些有可能会影响产品质量的操作步骤，我们必须在SOP中包含操作的注意事项、检查项目和质量控制须知。

(7)流程图：SOP编写可使用流程图的方式，但必须使用标准流程图符号。若描述需要，也可以在SOP中配图，帮助操作者明确操作位置或方向等。

知识点3：如何确保SOP语言的逻辑性？

在编写SOP时，其语言为满足要求，必须符合以下六要素。

(1)WHAT：需要执行什么任务。

(2)HOW：怎样执行此任务，即任务的详细步骤。

(3)WHEN：什么时间执行哪一步骤以及要进行下一步所需满足的条件。

(4)WHO：谁执行此任务，执行此任务还和哪些人有关。

(5)WHERE：执行该操作所需使用的仪器、设备及其所在位置。

(6)WHY：为什么进行此步骤。

下面举几个常见的例子来说明。

例1：当操作人员受伤或机器出问题时，关闭机器

不正确表述：当操作人员受伤或机器出问题时，按下“紧急制动按钮”来关闭机器。

正确表述：当操作人员受伤或机器出问题时，按下位于操作控制面板右上角的“紧急制动按钮”来关闭机器。

例2：某一个喷涂操作SOP的准备工作

不正确表述：保持喷枪与被喷射表面垂直且距离适中。

正确表述：保持喷枪与被喷射表面垂直，距离为30～40cm。

例3：某一个喷涂操作的SOP

不正确表述：将进气压力、喷枪的喷射压力、气动泵压力调至正确值。

正确表述：将进气压力、喷枪的喷射压力、气动泵压力调至以下正确值：

(1)进气压力调至75～85PSI。

学习情境三 工业机器人工作站试运行	任务7 规划并编制标准操作流程	页码:
姓名: 班级:	日期:	

(2)喷枪的喷射压力调到20~40PSI。

(3)气动泵压力调至27~30PSI。

知识点4:某公司焊接机器人安全操作规程

1 范围

本规程规定了本公司焊接机器人在实施焊接操作过程中避免人身伤害及财产损失所必须遵循的基本原则。本规程为安全地实施焊接操作提供了依据。本规程均适用于×××焊接机器人。

2 引用标准

本规程引用《焊接与切割安全》(GB 9448—1999)标准中有关焊接安全方面的相关条文和参照本公司×××焊接机器人的使用说明书中的内容。

3 责任

焊接监督、焊接组长和操作者对焊接的安全实施负有各自的责任。

3.1 焊接监督

3.1.1 焊接监督必须对实施焊接的操作工及焊接组长进行必要的安全培训。培训内容包括:设备的安全操作、工艺的安全执行及应急措施等。

3.1.2 焊接监督有责任将焊接可能引起的危害及后果以适当的方式(如:安全培训教育、口头或书面说明、警告标识等)通告给实施焊接的操作工和焊接组长。

3.1.3 焊接监督必须标明允许进行焊接的区域,并建立必要的安全措施。

3.1.4 焊接监督必须明确在每个区域内单独的焊接操作规则,并确保每位有关人员对所涉及的危害有清醒的认识并且了解相应的预防措施。

3.1.5 焊接监督必须保证只使用经过认可合格并能满足产品焊接工艺要求的设备(如机器人本体、控制装置、焊机、送丝机、电源电压、气瓶气压及调节器、仪表和人员的防护装置等)。

3.2 焊接组长

3.2.1 必须对设备的安全管理及工艺的安全执行负责,并担负现场管理、技术指导、安全监督和操作协作等。

3.2.2 必须保证各类防护用品得到合理使用;在现场适当地配置防火及灭火器材;指派火灾、故障排除时的警戒人员;所要求的安全作业规程得到遵循。

3.2.3 在不需要火灾警戒人员的场合,焊接组长必须要在焊接工作业完成后做最终检查,并组织消除可能存在的火灾隐患。

3.3 焊接操作工

3.3.1 焊接操作工必须具备对机器人焊接所要求的基本条件,并懂得将要实施焊接操作时可能产生的危害以及适用于控制危害条件的程序。焊接操作工必须安全地使用涵盖机器人及其辅助的设备,使之不会对生命及财产构成危害。

3.3.2 焊接操作工只有在规定的安全条件得到满足,并得到焊接监督或焊接组长准

学习情境三　工业机器人工作站试运行	任务7　规划并编制标准操作流程	页码：
姓名：	班级：　　　　日期：	

许的前提下，才可实施焊接操作。在获得准许的条件没有变化时，焊接操作工可以连续地实施焊接操作。

4　安全规范

4.1　人员及工作区域的防护

4.1.1　工作区域的防护

4.1.1.1　设备：机器人本体、控制装置、焊接电源、焊机、送丝机、气瓶、工作台、防护屏板、工装治具、工具用具、电缆及其他器具必须安放稳妥并保持良好的秩序，使之不会对附近的作业或过往人员构成妨碍。

4.1.1.2　警告标志：焊接区域和可能出现危险的机器部位必须予以明确标明，并且应有必要的警告标志。

4.1.1.3　防护屏板：为了防止作业人员或邻近区域的其他人员受到焊接电弧的辐射及焊渣飞溅的伤害，应用不可燃或耐火屏板（或屏罩）加以隔离保护。

4.1.1.4　焊接隔间：在准许操作的地方、焊接场所，必要时可用不可燃屏板或屏罩隔开形成焊接隔间。

4.1.2　人身防护

4.1.2.1　眼睛及面部防护

4.1.2.1.1　作业人员在观察电弧时，必须使用带有滤光镜的头罩或手持面罩，或佩戴安全镜、护目镜或其他合适的眼镜。如需辅助人员，辅助人员亦应佩戴类似的眼保护装置。

4.1.2.1.2　对于大面积观察（诸如培训、展示、演示的焊接操作），视情况可以配备大面积的滤光窗、幕而不必使用单个的面罩、手提罩或护目镜。窗或幕材料必须对观察者提供安全的保护效果，使其免受弧光、碎渣飞溅的伤害。

4.1.3　身体保护

4.1.3.1　防护服：防护服应可以提供足够的保护面积。

4.1.3.2　手套：焊接操作工必须佩戴耐火的防护手套。

4.1.3.3　围裙：当身体前部需要对火花和辐射做附加保护时，必须使用经久耐火的皮制或其他材质的围裙。

4.1.3.4　护腿：需要对腿做附加保护时，必须使用耐火的护腿或其他等效的用具。

4.2　场所的通风

4.2.1　充分通风：为保证焊接操作工在无害的呼吸氛围内工作，焊接必须要在足够的通风条件下（包括自然通风或机械通风）进行。

4.2.2　防止烟气流：焊接操作工必须戴好口罩，以免直接呼吸到焊接操作所产生的烟气流。

4.2.3　通风的实施：为了确保车间空气中焊接烟尘的不至于伤害到车间员工，可根据需要采用各种通风手段（如自然通风、机械通风等）。

<table>
<tr><td colspan="2">学习情境三　工业机器人工作站试运行</td><td>任务7　规划并编制标准操作流程</td><td rowspan="2">页码：</td></tr>
<tr><td>姓名：</td><td>班级：</td><td>日期：</td></tr>
</table>

4.3　消防措施

4.3.1　焊接操作场所只能在无火灾隐患的条件下实施。

4.3.2　在进行焊接操作的场所必须配置足够的消防器材，其配置取决于现场易燃物品的性质和数量，可以是水池、沙箱、水龙带、消防栓或手提灭火器。

4.4　人员的进入

4.4.1　未经许可非操作或工作人员不得进入焊接区域。如需进入，必须佩戴合适的防护用品并有他人监护。

4.4.2　邻近的人员必须确保不受电弧照射和焊接烟尘的伤害。

4.5　使用设备的安置

4.5.1　焊接设备的安放场所不得有暴晒、雨淋和浸泡现象。气瓶及焊接电源必须放置在操作间或者操作区域的外面，以便突发事件时切断电源或者移除气瓶，防止事故面扩大。

4.5.2　用于通风的窗口或抽气通风管道定期检查，不能堵塞，以保证其功能稳定；窗台或管道表面不得有可燃残留物，管道必须由不可燃材料制成。

4.5.3　紧急制动或报警按钮必须安置在焊接操作工第一时间能接触到且较为安全的区域内。

4.6　气瓶的储存、搬运、安放和标识

4.6.1　为了便于识别气瓶内的气体成分，气瓶必须做明显标识。其标识必须清晰、不易去除。禁止使用标识模糊不清的气瓶。

4.6.2　气瓶必须储存在不会遭受物理损坏或使气瓶内储存物的温度超过40℃的地方，并必须远离电梯、楼梯或过道，不会被经过或倾倒的物体碰翻或损坏的指定地点。在储存时，气瓶必须稳固以免翻倒。气瓶在储存时，必须与可燃物、易燃液体隔离。

4.6.3　气瓶在使用时，必须稳固竖立或装在专用车(架)或固定装置上。

4.6.4　气瓶不得置于受阳光暴晒、热源辐射及可能受到电击的地方。气瓶必须距离实际焊接作业点足够远(一般为5m以上)，以免接触火花、热渣或火焰，否则，必须提供耐火屏障。

4.6.5　气瓶不得置于可能使其本身成为电路一部分的区域。气瓶要避免与电动机车轨道、无轨电车电线等接触。气瓶必须远离散热器、管路系统、电路排线等，及可能供接地(如电焊机)的物体。禁止用电极敲击气瓶，在气瓶上引弧。

4.6.6　搬运气瓶时，应注意关紧气瓶阀，而且不得提拉气瓶上的阀门和保护帽；用起重机运送气瓶时，应使用吊架或合适的台架，不得使用吊钩、钢索或电磁吸盘；须避免可能损伤瓶体、瓶阀或安全装置的剧烈碰撞。

4.6.7　气瓶不得作为滚动支架或支撑重物的托架。气瓶应配置手轮或专用扳手启闭瓶阀。气瓶在使用后不得放空，必须留有不小于98～196kPa表压的余气。

4.6.8　清理阀门时，操作者应站在排出口的侧面，不得站在其前面。

4.6.9　配有手轮的气瓶阀门不得用榔头或扳手开启。气瓶在使用时，其上端禁止放置物品，以免损坏安全装置或妨碍阀门的迅速关闭。使用结束后，气瓶阀必须关紧。

4.6.10　如发现燃气气瓶的瓶阀周围有泄漏，应关闭气瓶阀拧紧密封螺帽。然后缓缓打开气瓶阀，逐渐释放内存的气体。有缺陷的气瓶或瓶阀应做适宜标识，并送专业部门修理，经检验合格后方可重新使用。

4.6.11　当发生火灾时，不可使用气瓶气体灭火，须采用灭火器、防火沙、消防水或湿布等手段予以灭火。

4.6.12　如需要采用汇流排供气，安装在汇流排系统的这些部件均应经过单件或组合件的检验认可，并证明符合汇流排系统的安全要求。

4.7　接地装置

4.7.1　只要有电流通过焊接设备，必须以正确的方法接地（或接零）。接地（或接零）装置必须连接良好，永久性的接地（或接零）应做定期检查。禁止使用气瓶和非接地管道作为接地装置。

4.7.2　在有接地（或接零）装置的焊件上进行弧焊操作，或焊接与大地密切连接的焊件（如管道、房屋的金属支架等）时，应特别注意避免焊机和工件的双重接地。

4.7.3　构成焊接回路的电缆外皮必须完整、绝缘良好（绝缘电阻大于1MΩ）。

4.7.4　焊机的电缆应使用整根导线，尽量不带连接接头。需要接长导线时，接头处要连接牢固、绝缘良好。

4.7.5　构成焊接回路的电缆禁止搭在气瓶等易燃品上，禁止与油脂等易燃物质接触。在经过通道、马路时，必须采取保护措施（如使用保护套）。

4.7.6　能导电的物体（如管道、轨道、金属支架、暖气设备等）不得用作焊接回路的部分。

4.8　机器设备维修

4.8.1　机器设备必须随时维护，保持在安全的工作状态。当设备存在缺陷或安全危害时必须中止使用，直到其安全性得到保证为止。修理必须由认可的人员进行。

4.8.2　不得不在控制装置电源接通的情况下进行检查或维修时，防护栏外必须有一名看守人员（第三人）始终观察工作的进行情况，并做好随时立即按下紧急停止按钮的准备。

4.9　当需要对设备做修改时，应确保设备的修改或补充不会因设备电气或机械额定值的变化而降低其安全性能。

5　安全操作规程

5.1　指定操作、调试、编程或维修焊接设备的人员必须了解、掌握并遵守有关设备的使用说明及作业标准。此外，还必须熟知本规程的有关安全要求（如人员防护、通风、防火等内容）。

5.2　在开始焊接操作前，必须检查确认以下内容处于正常良好状态。

学习情境三　工业机器人工作站试运行	任务7　规划并编制标准操作流程		页码：
姓名：	班级：	日期：	

5.2.1　每个安装的接头已确认其连接良好，线路连接正确合理，接地符合要求。

5.2.2　确认本机所属设备设施完好无损。

5.2.3　磁性工件夹爪在其接触面上不得有附着的金属颗粒及飞溅物。

5.2.4　检查清理现场，确保没有易燃易爆物品(如油抹布、废弃的油手套、油漆、香蕉水等)。

5.2.5　检查工位之间的隔板是否良好和处于正常位置，确保遮光效果良好和安全。

5.2.6　检查焊接工位之间的通道和机器人手臂空中运行的通道是否保持通畅。

5.3　执行焊接操作

5.3.1　操作者务必穿戴长袖工作服装、工作手套，戴上防护眼镜，不要穿暴露脚面的鞋子，防止焊渣烫伤。

5.3.2　开机时必须确认机器人手臂动作区域内没有其他人员。

5.3.3　打开总电源开关、打开电焊机及附属设备电源，按产品焊接工艺要求调试气压、电压、电流和焊丝送丝速度。

5.3.3.1　手指、手套、头发、衣物等不要靠近送丝装置的旋转部位，谨防卷入发生事故。

5.3.3.2　操作时要精细专心，产品焊接工件要摆放到位，工装、夹具的压紧装置必须压牢。

5.3.4　打开机器人控制装置电源。

5.3.5　打开启动程序，选择并确定焊接产品的工件工艺与机器人现在的程序保持一致。

5.3.6　打开“焊接切”即选择不焊接状态，启动运行机器人，观察确认机器人手臂运行轨迹正常无误；关闭“焊接切”即选择焊接状态，再启动焊接操作。

5.3.7　起动焊接时，确定机器人手臂和工装翻转动作范围区域内无人，防止机械手或工装翻转时碰伤。

5.3.8　焊接过程中，操作人员不得离开现场，以应对突发事故的及时处理。

5.3.9　操作中如发现设备异常或故障应立即停机，紧急状况按下紧急停止按钮，排除故障或保护好现场报专业人员维修。

5.3.10　待焊接完成工装翻转置初始位置时，操作者才可靠近取件。

5.3.11　将所有工装上加紧装置松开，取下焊好的产品，务必戴好防护手套防止烫伤。

5.3.12　将焊接好的产品整齐有序地放置于容器内，不要放置得过高，防止产品倒塌而磕碰受损和人员伤害。

5.4　工作结束或中止

5.4.1　清理现场、擦拭机器人本体、调试，维护等工作，必须在停机后方可进行。

5.4.2　当焊接工作中止时(如工间休息，下班)，必须关闭机器人、关闭气路装置和切断设备电源。

学习情境三　工业机器人工作站试运行	任务7　规划并编制标准操作流程	页码：
姓名：	班级：　　日期：	

5.4.3　下班后清理、打扫焊接区域内的焊瘤、焊渣和杂物，擦拭机器人手臂本体、电气箱等部位。做好设备的点检记录。

评价反馈

(1)学生进行自评，评价自己是否能够完成规划并编制标准操作流程的学习，并填写完成表7-2。

学生自评表　　表7-2

班级：	姓名：	学号：	
学习情境三	任务7　规划并编制标准操作流程		
评价项目	评价标准	分值	得分
标准操作流程是否正确	前后关联紧密，指向分明，不会产生歧义	30	
标准操作流程语言是否准确	语言条理清晰，表述准确，符合要求	20	
标准操作流程排版是否美观	排版美观，符合大众审美要求	5	
工作态度	态度端正，无无故缺勤、迟到、早退现象	10	
工作质量	能按计划完成工作任务	10	
协调能力	与小组成员之间能合作交流，协调工作	10	
职业素质	能做到安全生产、文明施工、保护环境、爱护公共设施	10	
创新意识	在编制操作流程时能改进方式方法，使该流程通俗易懂易操作	5	
总分		100	

(2)学生以小组为单位进行互评，填写完成表7-3。

学生互评表　　表7-3

学习情境三		任务7　规划并编制标准操作流程													
评价项目	分值	等级								评价对象(组别)					
										1	2	3	4	5	6
计划合理	8	优	8	良	7	中	6	差	4						
方案准确	8	优	8	良	7	中	6	差	4						
团队合作	8	优	8	良	7	中	6	差	4						
组织有序	8	优	8	良	7	中	6	差	4						
工作质量	8	优	8	良	7	中	6	差	4						
工作效率	8	优	8	良	7	中	6	差	4						
工作完成	10	优	10	良	8	中	7	差	5						
工作规范	16	优	16	良	12	中	10	差	6						

学习情境三 工业机器人工作站试运行	任务7 规划并编制标准操作流程	页码：
姓名： 班级： 日期：		

续上表

评价项目	分值	等级								评价对象(组别)					
										1	2	3	4	5	6
识读报告	16	优	16	良	12	中	10	差	6						
成果展示	10	优	10	良	8	中	7	差	5						
合计	100														

(3)教师对学生工作过程与工作结果进行评价，填写完成表7-4。

教师评价表 表7-4

班级：		姓名：	学号：	
学习情境三		任务7 规划并编制标准操作流程		
评价项目		评价标准	分值	得分
考勤(10%)		无迟到、早退、旷课现象	10	
工作过程(60%)	标准操作流程是否正确	前后关联紧密，指向分明，不会产生歧义	25	
	标准操作流程语言是否准确	语言条理清晰，表述准确，符合要求	10	
	标准操作流程排版是否美观	排版美观，符合大众审美要求	5	
	工作态度	态度端正，工作认真、主动	5	
	协调能力	与小组成员之间能合作交流，协调工作	5	
	职业素质	能做到安全生产、文明施工、保护环境、爱护公共设施	10	
项目成果(30%)	工作完整	能按时完成任务	10	
	工作规范	能按规范要求操作	10	
	成果展示	能准确表达，汇报工作成果	10	
合计			100	

综合评价	学生自评(20%)	小组互评(30%)	教师评价(50%)	综合得分

学习情境四

工业机器人工作站设备交付

学习情境四　工业机器人工作站设备交付	任务8　编制工作站使用说明书	页码：
姓名：　　　班级：	日期：	

学习情境描述

在产品试制结束后，需要将完整的焊接机器人工作站交付给甲方使用。在交付前，需要按照合同内容准备好工作站使用说明书和维护保养手册及其他一些相关技术文档，如下图所示，并掌握其说明书和维护保养手册等文档的编写要领及技术图纸规范处理的方法。

安全注意事项

为了安全，正确地使用CHL-KH01型工业机器人操作与运维工作站(简称工作站)，使用前务必认真阅读本手册，在熟记设备知识、安全信息及注意事项后进行使用。

阅读后，请务必常备以便查询。当出现紧急事件时，请立即按下操控面板的急停按钮，或工业机器人示教器的急停按钮，避免发生危险。

使用规范

⚠ 危险	操作错误会导致危险，可能造成设备损坏及人身危险。

(1)严禁对工业机器人本体及控制柜的任何部件进行拆装；
(2)非专业人员不得对设备组件进行拆解和改装，否则影响售后保修；
(3)工作站运行过程中不得直接接触任何带电设备，湿手不得进行设备的操作；
(4)工业机器人正在运动时，不得在工作台面上进行任何操作；
(5)操作台面上有气压传动机构，注意防止夹伤；
(6)操作台面上有尖锐部件存在，注意防止划伤；
(7)请按照正确的开关机顺序进行操作；
(8)工业机器人自动运行前，请手动对程序进行完整测试。

⚠ 注意	操作错误会导致危险，可能造成设备报警，甚至是设备损坏。

(1)长时间高负荷的运行会使电机温度升高，注意防止烫伤；
(2)在进行系统接线时，请注意插口角度和位置，防止针脚弯曲变形，造成损坏；
(3)在详细阅读操作手册之前，请勿随意进行转数计数器更新和微校的操作；
(4)在详细阅读操作手册之前，请勿擅自进行“SMB内存”的更新和清除操作；
(5)在详细阅读操作手册之前，请勿对工业机器人的系统及关节配置参数进行设置和修改；
(6)请勿长期停机，以免工业机器人内部配置电池过放电，每个月启动设备运行2~4h为佳。

学习情境四图　某工业机器人工作站维护保养手册

学习目标

(1)掌握机器人工作站技术手册的编写要领。

(2)掌握机器人工作站维护保养手册的编写要领。

(3)掌握机器人工作站提交技术文档的规范。

学习情境四　工业机器人工作站设备交付	任务 8　编制工作站使用说明书	页码：
姓名：　　　　班级：	日期：	

任务 8　编制工作站使用说明书

任务书：依据前序任务设计的焊接机器人工作站，编写该工作站的使用说明书。要求如下：

(1)内容完整。

(2)语言科学、合理，便于用户掌握。

(3)图、表的使用应符合规范。

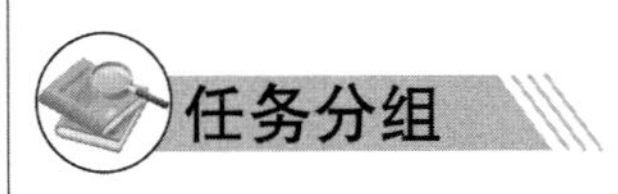

任务分组

按要求填写学生分组表(表 8-1)。

学 生 分 组 表　　　　表 8-1

<table>
<tr><td>班级</td><td></td><td>组号</td><td></td><td>指导教师</td><td></td></tr>
<tr><td>组长</td><td></td><td>学号</td><td colspan="3"></td></tr>
<tr><td rowspan="5">组员</td><td>姓名</td><td>学号</td><td>姓名</td><td colspan="2">学号</td></tr>
<tr><td></td><td></td><td></td><td colspan="2"></td></tr>
<tr><td></td><td></td><td></td><td colspan="2"></td></tr>
<tr><td></td><td></td><td></td><td colspan="2"></td></tr>
<tr><td></td><td></td><td></td><td colspan="2"></td></tr>
<tr><td>任务分工</td><td></td><td></td><td></td><td></td><td></td></tr>
</table>

准备工作

(1)阅读工作任务书。

(2)熟悉焊接工作站基本使用及其他相关事项。

(3)通过各种资源找到一本现用的产品使用说明书，并学习其包含的内容、文字表述等相关知识。

工作实施

引导问题 1：你找到的产品使用说明书中都包含了哪些内容？

____

____

____

学习情境四　工业机器人工作站设备交付	任务8　编制工作站使用说明书	页码：
姓名：　　　　班级：	日期：	

引导问题2：产品使用说明书中只写产品如何使用就可以了么？还需要包含哪些内容？

引导问题3：产品使用说明书中各项内容应该如何安排顺序？需要目录吗？第一项内容是目录吗？

引导问题4：产品使用说明书写给谁看？需要使用专业术语吗？

引导问题5：在编写产品使用说明书时，在语言表述方面需要注意什么问题？

引导问题6：产品使用说明书编写完成后是否需要精心排版？为什么？

引导问题7：产品使用说明书中的图、表处理需要注意哪些问题？

拓展思考题

(1)编制产品使用说明书时需要注意哪些问题？

(2)产品说明书中是否需要详细讲述工作原理？

学习情境四　工业机器人工作站设备交付	任务8　编制工作站使用说明书		页码：
姓名：	班级：	日期：	

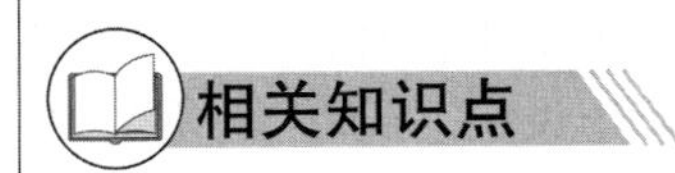

知识点1：产品使用说明书基本要求[引用自《工业产品使用说明书　总则》(GB/T 9969—2008)]

(1)使用说明书是交付产品的必备部分。

(2)使用说明书内容应简明、准确、易于阅读和理解；使用说明书不应用来掩盖设计上的缺陷。

(3)使用说明书应明确给出产品用途和适用范围，并根据产品的特点和需要给出主要结构、性能、型号、规格和正确吊运、安装、使用、操作、维修、保养和储存等方法，以及保护操作者和产品的安全措施。详细内容见本标准附录A。若需要，可提供安装、维修使用说明书。

(4)使用说明书应提供必要的保护环境和节约能源方面的内容。

(5)对易燃、易爆、有毒、有腐蚀性、有放射性等性质的产品，使用说明书应包括注意事项、防护措施和发生意外时紧急处理办法等内容。

(6)当产品结构、性能改动时，使用说明书的有关内容必须按规定程序及时作相应修改。生产者(用质量法中的概念)应向用户提供和产品相对应的说明书。

(7)使用说明书可按产品型号编制，也可按产品系列、成套产品编制。按系列、成套产品编制时，其内容和参数不同的部分必须明显区分。

复杂产品和成套设备可按功能单元、整机分别编制使用说明书，再按产品型号、用途组合成系统的使用说明书，需要时，可提供成套文件清单。

使用说明书应清晰地指明产品，说明该产品的型号、样式或种类，不应因一种型号与其改进型之间或两种不同的型号之间(不论这种不同有多小)，或同一型号下不同规格之间的混淆而导致使用者手中的使用说明与实际使用的产品不符。

(8)冶金、矿产、建材、化工等原材料类产品及用于主机厂配套的元器件等产品，当其产品手册等技术文件能满足用户对使用说明书的需要时，可用其代替使用说明书。

(9)对安全限制有要求或存在有效年限的产品，应提供产品的生产日期和有效期。

(10)应标明使用说明书的出版日期或者版本。

(11)同一产品的技术内容的表述，在生产者的使用说明书和其他各类资料(如广告或包装)中保持一致。

(12)当需要时，应在包装或使用说明书封面显著位置注明："使用产品前请阅读使用说明书"。

(13)实行生产许可证管理的产品，应在包装上标注有效的生产许可证编号。

知识点2：产品使用说明书编制要求[引用自《工业产品使用说明书　总则》(GB/T 9969—2008)]

1　文字、语言

1.1　国内销售的工业产品必须提供中文使用说明书。

学习情境四　工业机器人工作站设备交付	任务8　编制工作站使用说明书	页码：
姓名：　　　　班级：	日期：	

注：出口的工业产品需提供销售所在地的官方法定文字编写的使用说明。

1.2　国内销售的工业产品，当需要提供一种以上语种的使用说明书时，中文说明须置于外文前，中文标题应醒目、突出，各语种说明应明显分开。

1.3　中文使用说明必须采用规范汉字。

注：销往香港、澳门、台湾地区或国外的工业产品，如需方要求，使用说明书可使用繁体字编写。

1.4　当中文使用说明书翻译为内容相同的其他语种并同时提供时，应对所有内容包括注释进行翻译；对于没有图注的图示，可翻译出图示标题，并对原图示加以引用。

2　表述的原则

2.1　使用说明书内容的表述要科学、合理、符合操作程序，易于用户快速理解掌握。例如：灭火器的使用说明必须保证读者用最短的时间，就能读懂会用。

2.2　对于复杂的操作程序，使用说明书应多采用图示、图表和操作程序图进行说明，以帮助用户顺利掌握。

2.3　具有几种不同和独立功能的产品的使用说明书，应先介绍产品基本的和通用的功能，然后再介绍其他方面的功能。

2.4　使用说明书应尽可能设想用户可能遇到的问题。如产品在不同时间（季节）、不同地点、不同环境条件下可能遇到的问题，并提供预防和解决的办法。

2.5　应使用简明的标题和标注，以帮助用户快速找到所需内容。

2.6　语句表述应只包含一个要求，或最多包含几个紧密相关的要求。为清楚起见：

——最好使用动词主动态，不用被动态；

——要求应果断有力，而不软弱；

——最好使用行为动词，不用抽象名词；

——表述应直截了当，而不委婉。

语言表述示例见表8-2。

使用说明书语句表述示例　　表8-2

语句表述方法	应这样表达	不应这样表达
使用主动态	关掉电源	使电源被关断
果断有力	不许动手环	手环不应被动
使用行为动词	避免事故	事故的避免
直截了当	拉操作杆	使用者从机器拉回操作杆

3　图、表、符号、术语

3.1　使用说明书中的图、表应和正文印在一起，图、表应按顺序标出序号。

3.2　引用前文中图、表时，需标图号、表号，并注明其第一次出现时所在页码。

3.3　使用说明书中的符号、代号、术语、计量单位应符合最新发布的国家法律、法规和有关标准的规定，并保持前后一致。需要解释的术语应给出定义。

学习情境四 工业机器人工作站设备交付	任务8 编制工作站使用说明书	页码：
姓名： 班级：	日期：	

3.4 图示、符号、缩略语在使用说明书中第一次出现时应有注释。

4 目次(索引表)

4.1 当使用说明书超过一页(含折叠形式)以上时,每页都应编号。活页资料、手册等的页数超过4页时,应有一个目次(索引表)。

4.2 当使用说明书较长时,应按汉语拼音顺序给出一个关键词的索引,目次应包括索引。

4.3 按功能单元、整机组成的复杂产品或成套设备的使用说明书应有总目次。各功能单元、整机的说明书应有详细的目次。

5 印制

5.1 使用说明书的印制材料应结实耐用,能保证使用说明书在产品寿命期内的可用性。

5.2 使用说明书的文字、符号、图、表、照片等应清晰、整齐。双面印制的,不得因背透等原因而影响阅读。

5.3 使用说明书的封面应有能准确识别产品类型的名称(如产品型号、牌号、系列等)、产品名称和"使用说明书"字样,并应有生产者的名称(厂名)。

5.4 使用说明书在封底或封里必须有生产者的详细地址、邮政编码、电话号码等。

5.5 允许在封面上印有照片、图形、商标或其他认证标志。

6 文本

6.1 使用说明书的开本幅面,可采用A4或其他幅面尺寸。

6.2 图、表等允许横向加长,确属必要时也可纵向加长。

6.3 使用说明书根据内容多少可为单页、折页和多页。多页应装订成册。

7 安全警示

7.1 使用说明书应对涉及安全方面的内容给出安全警示。

7.2 安全警示的内容应用较大的字号或不同的字体表示,用特殊符号或颜色来强调。

7.3 为达到最佳效果,安全警示的格式和编写应考虑以下几点:

——内容和图解要简明扼要;

——安全警示的位置、内容和形式要醒目;

——确保用户在正常使用产品时,能从使用位置看到危险警示;

——解释危害的性质(如果需要,解释危害的原因);

——对于如何正确操作给予清晰的指导;

——对于如何避免危险给予清晰的指导;

——使用的语言、图形符号和图解说明要清楚、准确;

——如同时要对安全、健康说明时,应优先对安全做说明;

——切记频繁地重复警示和错误警示会削弱必要的警示效力。

7.4 当提醒使用者时,使用说明书的安全警示标题应根据危险级别不同使用下列分级方法和警示用语:

学习情境四　工业机器人工作站设备交付	任务8　编制工作站使用说明书	页码：
姓名：　　　　　　班级：	日期：	

——“危险”表示对高度危险要警惕；

——“警告”表示对中度危险要警惕；

——“注意”表示对轻度危险要关注。

7.5　具有高、中度危险的产品，应将安全警示永久地装制在产品上，以便使用者在产品的寿命期内都能清楚看到。使用说明书应指出安全警示的位置，引起使用者的注意。

7.6　为了传达危险警示之类的重要信息，应在适当位置使用标准化的用语或安全标志或图形符号。这些用语和标志及其位置要求，应在有关产品的使用说明书中规定。

7.7　对视、听警示的位置，警示装置、安全防护用品和设备的管理、维修等内容，使用说明书应作出规定。

8　内容编排

8.1　使用说明书内容编排，在保证安全和正确使用的前提下，可根据具体产品的特点和使用要求对附录A选择增减并合理排序。

8.2　本标准附录A中各章的a)、b)、c)……仅表示所包括的内容，同时也表示这些内容应在某章中表述，而不一定表示条的标题和编排次序。

知识点3：产品使用说明书主要内容[引用自《工业产品使用说明书　总则》(GB/T 9969—2008)]

1　概述

1.1　产品特点；

1.2　主要用途及适用范围(必要时包括不适用范围)；

1.3　品种、规格；

1.4　型号的组成及其代表意义；

1.5　使用环境条件；

1.6　工作条件；

1.7　对环境及能源的影响；

1.8　安全。

2　安全使用注意事项

2.1　安全使用期、生产日期、有效期；

2.2　一般情况的安全使用方法；

2.3　容易出现错误的使用方法或误操作；

2.4　错误使用、操作可能造成的伤害；

2.5　异常情况下的紧急处理措施；

2.6　特殊情况(停电、移动等)下的注意事项；

2.7　其他安全警示事项。

3　结构特征与工作原理

3.1　总体结构及其工作原理、工作特征；

学习情境四 工业机器人工作站设备交付	任务8 编制工作站使用说明书	页码：
姓名： 班级：	日期：	

3.2 主要部件或功能单元的结构、作用及其工作原理；

3.3 各单元结构之间的机电联系、系统工作原理、故障报警系统；

3.4 辅助装置的功能结构及其工作原理、工作特性。

4 技术特性

4.1 主要性能；

4.2 主要参数。

5 尺寸、重量

5.1 外形及安装尺寸(可分开)；

5.2 重量。

6 安装、调整(或调试)

6.1 设备基础、安装条件及安装的技术要求；

6.2 安装程序、方法及注意事项；

6.3 调整(或调试)程序、方法及注意事项；

6.4 安装、调整(或调试)后的验收试验项目、方法和判断依据；

6.5 试运行前的准备、试运行启动、试运行。

7 使用、操作

7.1 使用前的准备和检查；

7.2 使用前和使用中的安全及安全防护、安全标志及说明；

7.3 启动及运行过程中的操作程序、方法、注意事项及容易出现的错误操作和防范措施

7.4 运行中的监测和记录；

7.5 停机的操作程序、方法及注意事项。

8 故障分析与排除

8.1 故障现象；

8.2 原因分析；

8.3 排除方法。

故障分析与排除示例采用表8-3形式。

故障分析与排除示例 表8-3

故障现象	原因分析	排除方法	备注

9 安全保护装置及事故处理(包括消防)

9.1 安全保护装置及注意事项；

9.2 出现故障时的处理程序和方法；

9.3 突发事件时的应急措施。

10 保养、维修

10.1 日常维护、保养、校准；

10.2　运行时的维护、保养；

10.3　检修周期；

10.4　正常维修程序；

10.5　长期停用时的维护、保养。

11　运输、储存

11.1　吊装、运输注意事项；

11.2　储存条件、储存期限及注意事项。

12　开箱及检查

12.1　开箱注意事项；

12.2　检查内容。

13　环保及其他有关处置、处理方面的规定。

14　图、表、照片（也可分列在上述各章中）

14.1　外形（外观）图、安装图、布置图；

14.2　结构图；

14.3　原理图、系统图、电路图逻辑图、示意图、接线图施工图等

14.4　各种附表附件明细表、专用工具（仪表）明细表；

14.5　照片。

以上内容摘自《工业产品使用说明书　总则》（GB/T 9969—2008），编制者可以根据自身产品特性进行适当的删减和增加。

评价反馈

（1）学生进行自评，评价自己是否能够完成产品使用说明书的编制，并填写完成表 8-4。

学生自评表　　表 8-4

班级：	姓名：	学号：	
学习情境四	任务 8　编制工作站使用说明书		
评价项目	评价标准	分值	得分
产品使用说明书内容是否全面	内容全面，符合相关标准要求	30	
产品使用说明书顺序是否合理	顺序安排合理，能有效降低产品使用者使用风险	10	
产品使用说明书语言是否准确	语言条理清晰，表述准确，符合要求	10	
产品使用说明书排版是否美观	排版美观，符合大众审美要求	5	
工作态度	态度端正，无无故缺勤、迟到、早退现象	10	
工作质量	能按计划完成工作任务	10	
协调能力	与小组成员之间能合作交流，协调工作	10	

学习情境四　工业机器人工作站设备交付	任务 8　编制工作站使用说明书	页码：
姓名：　　班级：	日期：	

续上表

评价项目	评价标准	分值	得分
职业素质	能做到安全生产、文明施工、保护环境、爱护公共设施	10	
创新意识	在编制方式方法上改进，利于使用者对内容的理解和对设备操作	5	
总分		100	

（2）学生以小组为单位进行互评，填写完成表 8-5。

学 生 互 评 表　　表 8-5

学习情境四		任务 8　编制工作站使用说明书													
评价项目	分值	等级								评价对象（组别）					
										1	2	3	4	5	6
计划合理	8	优	8	良	7	中	6	差	4						
方案准确	8	优	8	良	7	中	6	差	4						
团队合作	8	优	8	良	7	中	6	差	4						
组织有序	8	优	8	良	7	中	6	差	4						
工作质量	8	优	8	良	7	中	6	差	4						
工作效率	8	优	8	良	7	中	6	差	4						
工作完成	10	优	10	良	8	中	7	差	5						
工作规范	16	优	16	良	12	中	10	差	6						
识读报告	16	优	16	良	12	中	10	差	6						
成果展示	10	优	10	良	8	中	7	差	5						
合计	100														

（3）教师对学生工作过程与工作结果进行评价，填写完成表 8-6。

教 师 评 价 表　　表 8-6

班级：		姓名：	学号：	
学习情境四		任务 8　编制工作站使用说明书		
评价项目		评价标准	分值	得分
考勤（10%）		无迟到、早退、旷课现象	10	
工作过程（60%）	产品使用说明书内容是否全面	内容全面，符合相关标准要求	20	
	产品使用说明书顺序是否合理	顺序安排合理，能有效降低产品使用者使用风险	10	
	产品使用说明书语言是否准确	语言条理清晰，表述准确，符合要求	5	

学习情境四　工业机器人工作站设备交付	任务8　编制工作站使用说明书	页码：
姓名：	班级：　　日期：	

续上表

评价项目		评价标准			分值	得分
工作过程（60%）	产品使用说明书排版是否美观	排版美观，符合大众审美要求			5	
	工作态度	态度端正、工作认真、主动			5	
	协调能力	与小组成员之间能合作交流，协调工作			5	
	职业素质	能做到安全生产、文明施工、保护环境、爱护公共设施			10	
项目成果（30%）	工作完整	能按时完成任务			10	
	工作规范	能按规范要求操作			10	
	成果展示	能准确表达，汇报工作成果			10	
合计					100	
综合评价		学生自评（20%）	小组互评（30%）	教师评价（50%）	综合得分	

学习情境四 工业机器人工作站设备交付	任务9 编制工作站维护保养手册	页码：
姓名： 班级：	日期：	

任务9 编制工作站维护保养手册

任务书：依据前序任务设计的焊接机器人工作站，编写该工作站的维护保养手册交给甲方。要求如下：

(1)内容合理，包含所有维护保养项目，但是不能透露工作站核心技术。

(2)语言科学、合理，便于用户掌握。

(3)图、表的使用应符合规范。

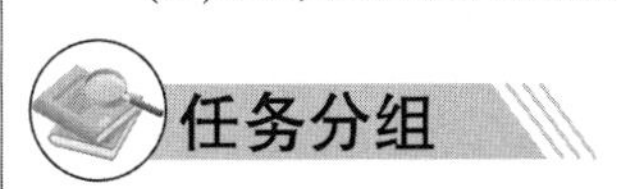

任务分组

按要求填写学生分组表(表9-1)。

学 生 分 组 表 表9-1

班级		组号		指导教师	
组长		学号			
组员	姓名	学号	姓名	学号	
任务分工					

准备工作

(1)阅读工作任务书。

(2)熟悉焊接工作站基本使用及操作说明书。

(3)通过各种资源找到一本现用的产品维护保养手册，并学习其包含的内容、文字表述等相关知识。

工作实施

引导问题1：你找到的产品维护保养手册中都包含了哪些内容？是否包含了该产品的所有方面？

____

____

____

学习情境四　工业机器人工作站设备交付	任务9　编制工作站维护保养手册	页码：
姓名：　　班级：　　日期：		

引导问题2：能否根据你找到的产品维护保养手册将产品仿制出来？

引导问题3：工作站各部分保养频率、保养重要程度是否一致？请各举例说明。

引导问题4：产品维保手册写给谁看？需要使用专业术语吗？

引导问题5：编写产品维护保养手册时，在语言表述方面需要注意什么问题？

引导问题6：产品维护保养手册各项内容应该如何安排顺序？需要目录吗？第一项内容是目录吗？

引导问题7：产品维护保养手册编写完成后是否需要精心排版？为什么？

引导问题8：产品维护保养手册中的图、表处理需要注意哪些问题？

拓展思考题

(1)编制产品维护保养手册需要注意哪些问题？

(2)是否需要内部维护保养手册？

学习情境四　工业机器人工作站设备交付	任务9　编制工作站维护保养手册	页码：
姓名：　　　　班级：　　　　日期：		

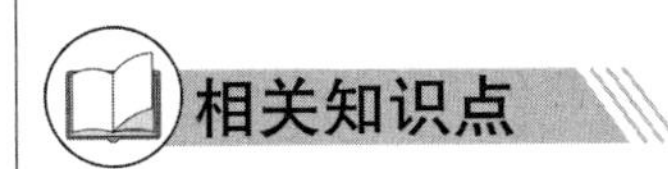

相关知识点

知识点1：维护保养手册参考模板

××××程序维护保养手册

项目编号：
项目名称：
开发部门：
项目负责人：
编写　　年　月　日
校对　　年　月　日
审核　　年　月　日
批准　　年　月　日

目　　录

1　引言

1.1　编写目的

[阐明编写维护手册的目的，简述其内容；指出读者对象(程序维护人员、研发人员)]

1.2　开发单位

[说明项目的提出者、项目的委托单位、开发单位和使用场所]

1.3　定义

[列出本文档中用到的专业术语的定义和缩写词的原文]

1.4　参考资料

[可包括：①用户操作手册；②与本项目有关的文档。列出这些资料的作者、标题、编号、发表日期、出版单位或资料来源以及保密级别]

2　系统说明

2.1　系统用途

[说明系统具备的功能，输入和输出]

2.2　安全保密

[说明系统安全保密方面的考虑]

2.3　总体说明

[说明系统的总体功能、对子系统和作业作出综合性的介绍，并用图表方式给出系统主要部分的内部关系]

3　设备维护保养制度

[写明设备维护保养的目的、范围和要求]

4　设备维修管理制度

[写明设备维修的目的、范围和要求]

学习情境四　工业机器人工作站设备交付	任务9　编制工作站维护保养手册	页码：
姓名： 班级：	日期：	

5　设备保养详情

5.1　设备一级保养

[写明设备一级保养的内容、时间和注意事项]

5.2　设备二级保养

[写明设备二级保养的内容、时间和注意事项]

5.3　设备三级保养

[写明设备三级保养的内容、时间和注意事项]

5.4　工作站各设备保养详情(表9-2～表9-4供参考)

×××一级保养　　表9-2

时　间	保养内容
班前	
班中	
班后	
周末	

×××二、三级保养　　表9-3

序号	部　位	二级保养内容	三级保养内容

×××保养　　表9-4

时　间	保养内容
周末	
月度保养	
季度保养	
年度保养	
小修	
中修	
大修	

知识点2:机器人本体维护保养要点

机器人本体维护保养要点见表9-5。

机器人本体维护保养要点　　表9-5

检修部位		检修间隔					方法	检修处理内容	检修人员		
		日常	间隔1000h	间隔5000h	间隔10000h	间隔30000h			专业人员	有资格者	制造公司人员
1	原点标记	√					目测	与原点姿态的标记是否一致,有无污损	√	√	√

学习情境四　工业机器人工作站设备交付	任务9　编制工作站维护保养手册	页码：
姓名：　　　班级：	日期：	

续上表

检修部位		检修间隔					方法	检修处理内容	检修人员		
		日常	间隔1000h	间隔5000h	间隔10000h	间隔30000h			专业人员	有资格者	制造公司人员
2	外部导航	√					目测	检查有无污迹、损伤	√	√	√
3	整体外观	√					目测	清扫尘埃、铁屑，检查各部分有无龟裂、损伤	√	√	√
4	J1、32、J3轴电机	√					目测	有无漏油	√	√	√
5	底座螺栓		√				扳手	检查有无缺失、松动；补缺、拧紧	√	√	√
6	盖类螺栓		√				螺丝刀 扳手	检查有无缺失、松动；补缺、拧紧	√	√	√
7	底座插座		√				手触	检查有无松动，插紧	√	√	√
8	机内导线（各轴导览）				√		目测 万用表	检测底座的主插座与中间插座的导通试验（确认时用手摇动导线），检查保护弹簧的磨损情况		√	√
9	机内电池组				√		螺丝刀 扳手	控制器显示电池报警或间隔10000h时换电池		√	√
10	各轴减速电机			√	√		油枪	检查有无异常，异常时更换 补油：间隔5000h换油 换油：间隔10000h换油		√	√
11	大修					√					√

注：电池更换办法及润滑油补充更换办法请具体查看机器人手册。

知识点3：机器人控制柜维护保养要点

1. 常规检查（一周或每天，视情况而定）

（1）清洁控制柜外观。

（2）紧固控制柜各部件。

（3）清洁和整理示教器及电缆。

（4）通过电路板指示灯状态，确认电路板状态。

（5）确保柜内电缆插头连接稳固、整洁。

学习情境四　工业机器人工作站设备交付	任务9　编制工作站维护保养手册	页码：
姓名：　班级：　日期：		

2. 机器人控制柜测量(一季度或半年,视情况而定)

(1)检查安全回路的运行状态是否正常。

(2)检测示教器所有按键有效性,检测急停回路是否正常,测试触摸屏和显示屏功能。

(3)检查机器人是否可以正常完成程序备份和导入功能。

(4)检测机器人进线电压、驱动电压、电源模块电压是否正常,并通过示波器来采样各电压的波形,从而对电压进行整体分析(仅限专业人员操作)。

(5)优化机器人控制柜硬盘空间,确保运转空间正常(仅限专业人员操作)。

3. 保养件更换(保养/按需求更换)

(1)更换驱动风扇单元。

(2)更换控制柜防尘过滤网。

(3)更换控制柜熔断丝。

知识点4:电控柜维护保养要点

1. 准备工作

(1)工具:螺丝刀、扳手、摇表、万用表、钳形电流表、吸尘器、热风枪、记号笔、锉刀等。

(2)备件:风扇过滤网、接触器辅助触头、继电器线圈、热缩管、导电膏。

(3)人员:电工和程序员(程序员参与可把软件的维护也做起来,可以提前预防消除很多软故障)。

2. 注意事项

在工作站电控柜维保时要做好规划,制定详细的步骤,按部就班,按事先的规划一步一步完成。

(1)维护保养时要保证人员及设备安全第一,拆卸设备、清理灰尘之前必须断电。

(2)在做柜内灰尘清洁时,最好使用吸尘器并注意线路标识等问题。

(3)维护保养过程中,拆卸过的所有地方必须做好标记,比如线重新接过、线鼻子重新压过等,这些地方需要在设备重新投产后注意观察。

3. 数据备份

(1)程序备份:PLC 内程序备份到移动硬盘中。

(2)数据备份:对于需要长期归档的数据(比如某压力的趋势曲线数据),先将数据备份到移动硬盘中。

(3)参数备份:针对电控柜内无法通信的控制器,比如软启动器,需要手动记录内部参数。

4. 系统断电

(1)数据备份完成后,执行倒闸操作,断电时先断开下面的各个保护开关。

(2)断开总开关(上电时先上控制柜上的总开关,再依次打开下面的各个保护开关)、安全锁,现场断电后最好安全锁定,防止有人意外送电。

5. 外观以及环境检查

(1)检查温度环境是否符合规定。

学习情境四　工业机器人工作站设备交付	任务9　编制工作站维护保养手册	页码：
姓名：　　　　班级：	日期：	

(2)检查相对湿度是否符合规定。

(3)检查振幅大小(幅度、频率)是否符合规定。

(4)检查粉尘、盐分和铁屑是否符合规定。

(5)检查设备绝缘情况是否良好(使用摇表)。

6. 控制柜清扫

(1)一定要在设备断电情况下进行控制柜清扫,把 PLC、变频器等带散热孔的电子设备遮挡好,最好把 PLC 模块拆下。

(2)只能使用吸尘器,不能使用压缩空气机吹,因为压缩空气会把灰尘吹到设备内部,并且压缩空气中经常含水,水分进入设备内部会造成短路。

(3)柜内清扫完毕后,需检查柜内接线是否出现松动。

7. 电缆检查

(1)检查大电缆是否松动。

(2)检查大电缆接头是否有因接触电流过大引起的发黑现象。

8. 设备接地检查

(1)进行通信线接地测量,并查看其屏蔽层是否老化。

(2)进行模拟量信号接地测量。

(3)检查接地线有无锈蚀,导致接地电阻增大。

9. 接触器检查

(1)检查大接触器的安装螺栓以及进出线是否松动。

(2)检查大接触器的主触点是否有烧溶痕迹,灭弧罩是否烧黑和损坏。

(3)检查接触器接线端是否烧黑。

(4)检查检查接触器的吸合时间,以及进出线的通断情况。

(5)判断接触器吸合声音是否正常,无噪声。

10. 更换过滤网

根据现场的情况,半年或者一年更换一次过滤网或设备散热风扇。

11. 设备发热检查

(1)检查电柜温度。

(2)检查大电缆温度。

(3)检查电缆温度。

12. 软件维护

查看 PLC 诊断缓冲区的报警记录并进行归纳整理;若对于 PLC 不太熟悉,可以将诊断缓冲器记录另存为 txt 文件后,发给程序员帮忙查看。

13. HMI 报警

查看设备报警,主要是某些频繁出现的报警,并消除这些报警产生的原因。

14. PLC 电池更换

PLC 电池更换的具体步骤如下:

学习情境四　工业机器人工作站设备交付	任务9　编制工作站维护保养手册	页码：
姓名：　　　　班级：	日期：	

(1)准备好新电池及工具。

(2)在拆除电池前，应先让 PLC 通电 15s 以上，以确保存储器备用电源中的电容器充电；电池断开后，该电容可对 PLC 做短暂供电，确保 RAM 中的信息不会丢失。

(3)断开 PLC 电源。

(4)打开电池盖板。

(5)取下旧电池，装上新电池。

(6)盖上电池盖板，注意更换电池时间要尽量短，一般不允许超过 3min，否则 RAM 中的程序将消失。

15. 放假时的注意事项

(1)放假时可以关闭设备的主电源，但保留照明回路和风扇回路电源。

(2)一定要打开控制柜通风风扇或者空调，否则，遇到阴雨天设备内部会回潮，造成短路。

评价反馈

(1)学生进行自评，评价自己是否能够完成工作站维护保养手册的编制，并填写完成表 9-6。

学 生 自 评 表　　　　表 9-6

班级：	姓名：	学号：	
学习情境四	任务9　编制工作站维护保养手册		
评价项目	评价标准	分值	得分
产品维护保养手册内容是否合理	内容合理，符合相关标准要求，没有泄露产品核心技术	30	
产品维护保养手册顺序是否合理	顺序安排合理，能有效降低产品使用者使用风险	10	
产品维护保养手册语言是否准确	语言条理清晰，表述准确，符合要求	10	
产品维护保养手册排版是否美观	排版美观，符合大众审美要求	5	
工作态度	态度端正，无无故缺勤、迟到、早退现象	10	
工作质量	能按计划完成工作任务	10	
协调能力	与小组成员之间能合作交流，协调工作	10	
职业素质	能做到安全生产、文明施工、保护环境、爱护公共设施	10	
创新意识	在编制时适当改进方式方法，使手册易懂、易查、易操作	5	
总分		100	

学习情境四 工业机器人工作站设备交付	任务9 编制工作站维护保养手册	页码:
姓名: 班级: 日期:		

(2)学生以小组为单位进行互评,填写完成表9-4。

学 生 互 评 表 表9-4

学习情境四		任务9 编制工作站维护保养手册													
评价项目	分值	等级								评价对象(组别)					
										1	2	3	4	5	6
计划合理	8	优	8	良	7	中	6	差	4						
方案准确	8	优	8	良	7	中	6	差	4						
团队合作	8	优	8	良	7	中	6	差	4						
组织有序	8	优	8	良	7	中	6	差	4						
工作质量	8	优	8	良	7	中	6	差	4						
工作效率	8	优	8	良	7	中	6	差	4						
工作完成	10	优	10	良	8	中	7	差	5						
工作规范	16	优	16	良	12	中	10	差	6						
识读报告	16	优	16	良	12	中	10	差	6						
成果展示	10	优	10	良	8	中	7	差	5						
合计	100														

(3)教师对学生工作过程与工作结果进行评价,填写完成表9-5。

教 师 评 价 表 表9-5

班级:		姓名:	学号:	
学习情境四		任务9 编制工作站维护保养手册		
评价项目		评价标准	分值	得分
考勤(10%)		无迟到、早退、旷课现象	10	
工作过程(60%)	产品维护保养手册内容是否合理	内容合理,符合相关标准要求	20	
	产品维护保养手册顺序是否合理	顺序安排合理,有效降低产品使用者使用风险	10	
	产品维护保养手册语言是否准确	语言条理清晰,表述准确,符合要求	5	
	产品维护保养手册排版是否美观	排版美观,符合大众审美要求	5	
	工作态度	态度端正、工作认真、主动	5	
	协调能力	与小组成员之间能合作交流,协调工作	5	
	职业素质	能做到安全生产、文明施工、保护环境、爱护公共设施	10	

学习情境四　工业机器人工作站设备交付	任务9　编制工作站维护保养手册	页码：
姓名：　　　班级：　　　日期：		

续上表

评价项目		评价标准			分值	得分
项目成果（30%）	工作完整	能按时完成任务			10	
	工作规范	能按规范要求操作			10	
	成果展示	能准确表达，汇报工作成果			10	
合计					100	
综合评价		学生自评（20%）	小组互评（30%）	教师评价（50%）	综合得分	

学习情境四　工业机器人工作站设备交付	任务10　设备图纸交付	页码：
姓名：　班级：	日期：	

任务10　设备图纸交付

任务书：依据合同规定，对图纸内容及规范进行整理，在本单位完成相关审批手续后交付给甲方。要求如下：

(1)图纸格式、符号符合相关标准。

(2)图纸内容符合技术协议或合同规定。

任务分组

按要求填写学生分组表(表10-1)。

学生分组表　　表10-1

班级		组号		指导教师	
组长		学号			
组员	姓名	学号	姓名	学号	
任务分工					

准备工作

(1)找到工作站全套图纸或明确工作站各个图纸由同事保管。

(2)了解《电气技术用文件的编制》(GB/T 6988—2008)。

(3)了解《电气简图用图形符号》(GB/T 4728—2018)。

工作实施

引导问题1：找一份产品图纸，看一看你找到的产品图纸都包含了哪些内容？

学习情境四　工业机器人工作站设备交付	任务10　设备图纸交付	页码：
姓名：　　　　班级：	日期：	

引导问题2：能否根据你找到的产品图纸将产品仿制出来？

____

____

____

引导问题3：技术协议上对相关图纸是如何规定的？

____

____

____

引导问题4：技术协议上对程序代码的交付是如何规定的？

____

____

____

引导问题5：图纸的绘图规范以什么为准？

____

____

____

拓展思考题

(1)若甲方需要我们提供所有的设备图纸及程序代码，我们应在技术协议中如何规定相关内容的使用范围？

(2)在日常学习和工作中，如何查找和使用国家相关标准？

相关知识点

知识点：电气图分类［引用自《电气技术用文件的编制》(GB/T 6988—2008)］

(1)系统图或框图：用符号或带注释的框，概略表示系统或分系统的基本组成、相互关系及其主要特征的一种简图。

(2)电路图：用图形符号并按工作顺序排列，详细表示电路、设备或成套装置的全部组成和连接关系，而不考虑其实际位置的一种简图。其目的是便于详细理解作用原理、分析和计算电路特性。

(3)功能图：表示理论的或理想的电路而不涉及实现方法的一种图，其用途是提供绘制电路图或其他有关图的依据。

(4)逻辑图：主要用二进制逻辑(与、或、异或等)单元图形符号绘制的一种简图，其中只表示功能而不涉及实现方法的逻辑图叫纯逻辑图。

学习情境四　工业机器人工作站设备交付	任务 10　设备图纸交付	页码：
姓名：　　　　班级：	日期：	

（5）功能表图：表示控制系统的作用和状态的一种图。

（6）等效电路图：表示理论的或理想的元件（如电阻、电感、电容）及其连接关系的一种功能图。

（7）程序图：详细表示程序单元和程序片及其互连关系的一种简图。

（8）设备元件表：把成套装置、设备和装置中各组成部分和相应数据列成的表格，其用以表示各组成部分的名称、型号、规格和数量等。

（9）端子功能图：表示功能单元全部外接端子，并用功能图、表图或文字表示其内部功能的一种简图。

（10）接线图或接线表：表示成套装置、设备或装置的连接关系，用以进行接线和检查的一种简图或表格。

①单元接线图或单元接线表：表示成套装置或设备中一个结构单元内的连接关系的一种接线图或接线表（结构单元指在各种情况下可独立运行的组件或某种组合体）。

②互连接线图或互连接线表：表示成套装置或设备的不同单元之间连接关系的一种接图或接线表。

③端子接线图或端子接线表：表示成套装置或设备的端子，以及接在端子上的外部接线（必要时包括内部接线）的一种接线图或接线表。

④电费配置图或电费配置表：提供电缆两端位置，必要时还包括电费功能、特性和路径等信息的一种接线图或接线表。

（11）数据单：对特定项目给出详细信息的资料。

（12）简图或位置图：表示成套装置、设备或装置中各个项目的位置的一种简图叫位置图。指用图形符号绘制的图，用来表示一个区域或一个建筑物内成套电气装置中的元件位置和连接布线。

评价反馈

（1）学生进行自评，评价自己是否能够完成设备图纸交付，并填写完成表 10-2。

学 生 自 评 表　　　　表 10-2

班级：	姓名：	学号：	
学习情境四	任务 10　设备图纸交付		
评价项目	评价标准	分值	得分
产品图纸是否符合规范	图纸格式、符号等是否符合相关规范	30	
产品图纸内容是否合理	图纸内容是否符合合同规定	25	
工作态度	态度端正，无无故缺勤、迟到、早退现象	10	
工作质量	能按计划完成工作任务	10	
协调能力	与小组成员之间能合作交流，协调工作	10	

学习情境四　工业机器人工作站设备交付	任务10　设备图纸交付	页码：
姓名： 班级： 日期：		

续上表

评价项目	评价标准	分值	得分
职业素质	能做到安全生产、文明施工、保护环境、爱护公共设施	10	
创新意识	在设计图纸时能改进布局方式，使该图纸表达更清晰明白	5	
总分		100	

(2)学生以小组为单位进行互评，填写完成表10-3。

学生互评表　　表10-3

学习情境四		任务10　设备图纸交付													
评价项目	分值	等级								评价对象(组别)					
										1	2	3	4	5	6
计划合理	8	优	8	良	7	中	6	差	4						
方案准确	8	优	8	良	7	中	6	差	4						
团队合作	8	优	8	良	7	中	6	差	4						
组织有序	8	优	8	良	7	中	6	差	4						
工作质量	8	优	8	良	7	中	6	差	4						
工作效率	8	优	8	良	7	中	6	差	4						
工作完成	10	优	10	良	8	中	7	差	5						
工作规范	16	优	16	良	12	中	10	差	6						
识读报告	16	优	16	良	12	中	10	差	6						
成果展示	10	优	10	良	8	中	7	差	5						
合计	100														

(3)教师对学生工作过程与工作结果进行评价，填写完成表10-4。

教师评价表　　表10-4

班级：		姓名： 学号：		
学习情境四		任务10　设备图纸交付		
评价项目		评价标准	分值	得分
考勤(10%)		无迟到、早退、旷课现象	10	
工作过程(60%)	产品图纸是否符合规范	图纸格式、符号等是否符合相关规范	20	
	产品图纸内容是否合理	图纸内容是否符合合同规定	20	
	工作态度	态度端正、工作认真、主动	5	

学习情境四　工业机器人工作站设备交付	任务 10　设备图纸交付	页码：
姓名：	班级：	日期：

续上表

评价项目		评价标准	分值	得分
工作过程（60%）	协调能力	与小组成员之间能合作交流，协调工作	5	
	职业素质	能做到安全生产、文明施工、保护环境、爱护公共设施	10	
项目成果（30%）	工作完整	能按时完成任务	10	
	工作规范	能按规范要求操作	10	
	成果展示	能准确表达，汇报工作成果	10	
合计			100	

综合评价	学生自评（20%）	小组互评（30%）	教师评价（50%）	综合得分

参考文献

[1] 王璐欢,高文婷.工业互联网与机器人技术应用初级教程[M].哈尔滨:哈尔滨工业大学出版社,2020.

[2] 周书兴.工业机器人工作站系统与应用[M].北京:机械工业出版社,2020.

[3] 袁有德.焊接机器人现场编程及虚拟仿真[M].北京:化学工业出版社,2020.

[4] 陈茂爱.焊接机器人技术[M].北京:化学工业出版社,2019.

[5] 周文军.工业机器人工作站系统集成(ABB)[M].北京:高等教育出版社,2018.

[6] 孙慧平.焊接机器人系统操作编程与维护[M].北京:化学工业出版社,2018.

[7] 韩鸿銮.工业机器人工作站系统集成与应用[M].北京:化学工业出版社,2017.

[8] 黎文航,王加友,周方明.焊接机器人技术与系统[M].北京:国防工业出版社,2015.

[9] 汪励,陈小艳.工业机器人工作站系统集成[M].北京:机械工业出版社,2014.

[10] 阙正湘,陈巍.工业机器人安装、调试与维护[M].北京:北京理工学出版社,2017.

[11] 彭赛金,张红卫,林燕文.工业机器人工作站系统集成设计[M].北京:人民邮电出版社,2018.

[12] 潘松.农机产品使用说明书的正确编写[J].南方农机,2011(6):16-17.

[13] 吴炜文.标准化操作流程在环保水处理设计中的运用[J].科技经济导刊.2016(20):16-17,102.

[14] 王卫强.A公司新产品试制流程改进研究[D].长春:吉林大学,2017.